现代光子学系列译丛

U0242683

等离激元学

——基础与应用

麦尔(Maier, S. A.) 编著

张 彤 王琦龙
张晓阳 李 晨 译

东南大学出版社
SOUTHEAST UNIVERSITY PRESS
·南京·

内容简介

等离激元学作为纳米光子学的重要组成部分,是目前极具发展前景的研究领域之一。它主要研究限制在光波长量级(或小于光波长)的电磁场,以及在金属界面或微纳金属结构中电磁辐射和传导电子的相互作用过程,这种相互作用将导致亚波长尺寸的光学近场增强。本书涵盖了等离激元学科的基本理论和应用方向,分为两个部分:第一部分从经典电磁场理论的基本描述开始,讨论了导电材料的特性,详细描述了可见光区域的表面等离极化激元和局域表面等离激元,以及低频下的表面电磁波模式;第二部分主要介绍了该学科的应用方向,包括等离激元波导,用于光透射增强的小孔阵列,以及各种几何形状的表面增强传感结构,最后,对金属超材料进行了简要的描述。

本书可供高等院校光学、物理电子学、凝聚态物理学和微纳光子学等方向的理工科研究生阅读或作为教材使用,也可供相关领域的科技工作者阅读。

图书在版编目(CIP)数据

等离激元学:基础与应用/(英)麦尔(Maier,S. A.)编著;
张彤等译. —南京:东南大学出版社,2014.12(2024.4 重印)
书名原文:Plasmonics Fundamentals and Applications
ISBN 978 - 7 - 5641 - 5464 - 6

Ⅰ. ①等… Ⅱ. ①麦… ②张… Ⅲ. ①等离子体物理学—
研究 Ⅳ. ①O53

中国版本图书馆 CIP 数据核字(2015)第 004855 号

江苏省版权局著作权合同登记
图字 10 - 2014 - 135

等离激元学——基础与应用

出版发行	东南大学出版社	
出 版 人	江建中	
责任编辑	张 煦	
社 址	南京市四牌楼 2 号	
邮 编	210096	
经 销	各地新华书店	
印 刷	江苏凤凰数码印务有限公司	
开 本	787 mm×1092 mm 1/16	
印 张	10.75	
字 数	268 千字	
版 次	2014 年 12 月第 1 版	
印 次	2024 年 4 月第 7 次印刷	
书 号	ISBN 978 - 7 - 5641 - 5464 - 6	
定 价	42.00 元	

* 本社图书若有印装质量问题,请直接与营销部联系,电话:025 - 83791830。

译 者 序

近十多年来,基于表面等离激元(Surface Plasmon,SP)的研究取得了重大进展,SP 在纳米光电集成、光学成像、生物传感、数据存储等领域得到了广泛应用,获得了国内外学者的极大关注。由于表面等离激元领域在国内研究时间较短,发展迅猛,目前国内在该领域十分缺乏全面的中文专著和教材供研究人员参考。这次翻译的译著共两本,一本是《Surface Plasmon Photonics》,由 Mark L. Brongersma 和 Pieter G. Kik 主编,这本书的每一章节都由相关领域的研究学者结合自己的最新研究成果编辑而成;另一本是《Plasmonics:Fundamentals and applications》,其作者是 Stefan A. Maier,这本书是目前国际上最早系统地论述表面等离激元的著作之一。因此,这两本译著不仅涵盖了表面等离激元学科的基本理论和应用方向,深入讲解了其基本原理和关键技术,而且从广度上结合目前的研究热点,对表面等离激元进行了详细论述,建立起了基于表面等离激元的不同研究方向之间的联系。原著的每一位作者均是世界范围内这一研究领域的杰出研究者,他们对等离激元学的发展状况的概述和总结,能够使国内相关专业的科研工作者、研究生以及感兴趣的读者更加深入地了解该领域,使他们不仅能够系统地学习和理解这个新兴学科,还能够与其他研究领域相结合,进一步拓宽研究思路,促进等离激元学在中国的发展。

本人接触到这两本著作,都是在原著刚刚出版之时。由于原著一经出版就在该领域产生了很大的影响力,我当时就萌生了要将它们翻译成中文的想法,但由于琐事缠身,一拖几年过去了,竟到今日方才完成初稿。

虽然目前 SP 已成为国内研究人员关注的焦点之一,然而相关物理学名词,如 SP,SPP(Surface Plasmon Polariton),SPR(Surface Plasmon Resonance)的中文翻译尚未完全统一,存在着不同译法。因此,这里将结合这些名词的由来及国际上对这些名词的物理解释,对目前国内的不同译法做简单介绍,并据此给出我们认为最符合其物理含义的中文译法,供读者参考。

Plasma 一词最早于 1839 年作为生物学名词(proto plasma)出现,1928 年由美国科学家 Langmuir 和 Tonks 首次将其引入物理学[1],描述气体放电管中的一种物质形态,由于它是一种电中性电离气体,所以大部分中文译法为"等离子体",而台湾学者和北京大学的赵凯华教授将其译为"电离浆"[2]。我们这里采用主流的第一种翻译方法。

科学研究中第一次观察到表面等离激元是在 20 世纪[3],1902 年 Robert W. Wood 在金属光栅上进行光学反射测量时观察到了这一当时还不能解释的现象,直到 50 多年后的 1956 年,David Pines 才首次从理论上对这种现象进行了解释[4],将快速电子穿透金属之后的能量损失特性归因于金属内的自由电子集体振荡。类比于早期研究的气体放电等离子体振荡(plasma),他将这种金属内的自由电子集体振荡命名为 plasmon。徐龙道教授等人编著的《物理学词典》中对 plasmon 的解释为"A collective excitation for quantized oscillations of the electrons in a metal"[5],从量子观点看它是一种准粒子,是一种元激发,因此国内研究人员在早期翻译时引入了"激元"这一概念[6]。上世纪八九十年代的中文文献以及词典[7]通常将其翻译为"等离激元"、"等离子激元"或"等离子体激元",这些译法与被译为"等离子体"的 plasma 也有所区分。

1958 年,Turbader 首先对金属薄膜采用光的全反射激励方法[8],观察到 SPR 现象,尤其是 1968 年 Otto 及 Kretschmann 分别发表了里程碑性质的文章[9,10],激发了人们将 SPR 应用于传感领域的热情。SPR 的物理解释是"an optical phenomenon arising from the collective oscillation of conduction electrons in a metal when the electrons are disturbed from their equilibrium positions. Such a disturbance can be induced by an electromagnetic wave (light), in which the free electrons of a metal are driven by the alternating electric field to coherently oscillate at a resonant frequency relative to the lattice of positive ions."[11]。由此可以看出,SPR 是 SP 受到光的激发产生的。目前通过检索文献可知它的中文译法通常为"表面等离子体共振"或"表面等离子共振"[12,13],而较少翻译为"表面等离激元共振",这与 SP 的中文译名是有一定矛盾的,这可能是由于 SPR 早在 SP 被深入研究之前已广泛应用在生物传感及检测等领域,因此由于历史习惯原因,大部分中文文献中仍将其称为"表面等离子体共振"或"表面等离子共振"。

美国伊利诺伊大学的 Ralph G. Nuzz 教授在论文中写道,"Two types of surface plasmon resonances (SPRs) are used in surface-based sensing:(i) propagating surface plasmon polaritons (SPPs) and (ii) nonpropagating localized SPRs(LSPRs)"[14]。因此,SPR 可以分为传导的 SPP 模式和局域的 LSPR 模式。LSPR 通常翻译为"局域表面等离子共振",而 SPP 的译法一直并未统一。为了找到最准确的中文译法,我们首先要理解 SPP 中的 polariton 一词的含义。黄昆院士在上世纪五十年代创造性地提出了极性晶体振动模式和宏观电场的耦合产生声子极化激元,虽然这一名称不是黄昆给出的,但科学界公认他是这一概念的创始人。他在文献[16]中写道,"晶体中电磁波的推迟效应对长波光学波的影响是什么?我注意到这可能是应用这对唯象方程的另一个理想的问题。但是要解决这个问题意味着要将这对方程与所有的麦克斯韦方程联立,而不仅仅是与静电学方程联立。我得到了非常有趣的结果,它们不再像通常电磁波的传播,结果引入了一种新的运动模式,它包含了电磁波和极化晶体的晶格声子,具有许多新的特性"。由此,黄昆院士的理论可以延伸到更普遍的物理问题,北京大学的甘子钊院士在纪念黄昆先生90 诞辰的文章[17]中写道"从量子理论的观念来看,介质中传播的激发态的波,常常可作简谐近似,可以看作准粒子(或者叫元激发),这种元激发是玻色子。电磁场和这种波的相互作用可以看作光子(光子是玻色子)和这种玻色子的相互作用。耦合的结果是产生新的准粒子(元激发),是光子和这种玻色子的杂化,是一种新的玻色子。""polariton"这个英文概念源于 1958 年 Hopfield 的研究激子在晶体中的传播的论文,他在文章中写道"It is shown that excitons are approximate bosons, and, in interaction with the electromagnetic field, the exciton field plays the role of the classical polarization field. The eigenstates of the system of crystal and radiation field are mixtures of photons and excitons.""The polarization field 'particles' analogous to photons will be called 'polaritons'." "Optical phonons are another example of polaritons." 可以看出，Hopfield 的论文中所说的激子极化激元与黄昆院士提出的声子极化激元均为极化激元中的一类。1974 年 Stephen Cunningham 和他的同事提出了 surface plasmon polariton 的概念[18]，其物理解释是"A surface plasmon polariton（SPP）is an electromagnetic excitation existing on the surface of a good metal. It is an intrinsically two-dimensional excitation whose electromagnetic field decays exponentially with distance from the surface"[19]。根据上述理论，沿着导体和真空或介质的界面传导的等离极化激元也是极化激元中的重要一类。目前很多中文论文都将其与 SP 的中文译法相混淆，均翻译为"表面等离激元"、"表面等离子激元"或"表面等离子体激元"，这显然并不合适。北京大学的甘子钊院士和南京大学的王振林教授都将 SPP 译为"表面等离子极化激元"[20]，此外，由李景镇教授主编的《光学手册》写道"当前学界已将由电磁场共振激发的金属/电介质界面表面等离子体激元定义为表面等离子体极化激元。"[21]根据上述的物理解释和含义，我们认为将 SPP 翻译为"表面等离极化激元"是目前最准确的一种译法。

因此，我们在对正文中物理名词进行翻译时均依据以上理论解释，并通过参考大量文献，力求避免因译者的理解局限所带来的错误。另外，参与本书的编译及校对的还有部分博士生及硕士生，此处不一一介绍，对他们一并表示感谢。

张 彤

2014 年 9 月

参考文献

[1] Langmuir I. . *Oscillations in ionized cases*. PNAS,1928,14:627.

[2] 赵凯华. 再论 plasma 的译名. 物理,2007(11).

[3] Wood R. W. . *On a remarkable case of uneven distribution of light in a diffraction grating spectrum*. Phil. Mag. Lett. , 1902, 4:396.

[4] D. Pines. *Collective energy losses in solids*. Rev. Mod. Phys. , 1956, 28:184-198.

[5] 徐龙道. 物理学词典. 北京:科学出版社,2004.

[6] G. Hincelin, A. Septier, 杨铎. 在表面等离子激元的激发作用下光电阴极电子发射产额的选择性增强. 红外技术,1981(03).

[7] 冯端. 固体物理学大辞典. 北京:高等教育出版社,1995.

[8] Lofas S. , Malmqvist M. , Ronnberg I. , et al. *Bioanalysis with surface palsmon resonance*. Sensors & Actuators, 1991, 5:79-84.

[9] A. Otto. *Excitation of nonradiative surface plasma waves in silver by the method of frustrated total reflection*. Z. Phys. , 1968:216, 398.

[10] Kretschmann E. , Raether H. . *Radiative decay of non-radiative surface plasmons excited by light*. Z. Naturf. , 1968, 23A:2135.

[11] Lu X. , Rycenga M. , Skrabalak S. E. , et al. *Chemical synthesis of novel plasmonic nanoparticles*. Annual review of physical chemistry, 2009, 60: 167-192.

[12] 吴英才,袁一方,徐艳平. 表面等离子共振传感器的研究进展. 传感器技术,2004(05).

[13] 郑荣升,鲁拥华,林开群,等. 表面等离子体共振传感器研究的新进展. 量子电子学报,2008

(06).

[14] Stewart, M. E., et al. *Nanostructured Plasmonic Sensors*. Chemical Reviews，2008，108(2)：494-521.

[15] Hopfield J. J.. *Theory of the Contribution of Excitons to the Complex Dielectric Constant of Crystals*. Phys. Rev. , 1958，112：1555.

[16] 黄昆. 中国科学进展. 北京：科学出版社，2003.

[17] 秦国刚. 黄昆文集. 北京：北京大学出版社，2004.

[18] 甘子钊. 极化激元研究的进展——纪念黄昆先生 90 诞辰. 物理，2009(08).

[19] Fleischmann, M., P. J. Hendra, A. J. McQuillan. *Raman spectra of pyridine adsorbed at a silver electrode*. Chem. Phys. Lett. , 1974，26：163.

[20] Zayats A. V., Smolyaninov I. I., Maradudin A. A.. *Nano-optics of surface plasmonpolaritons*. Physics reports，2005，408(3)：131-314.

[21] 王振林. 表面等离激元研究新进展. 物理学进展，2009(03).

[22] 李景镇. 光学手册(下卷). 西安：陕西科学技术出版社，2010：1622-1627.

前　言

　　1982年秋天,我正在进行大学本科最后一年的课题:基于表面等离激元的研究。时光荏苒,转眼间20多年已过去,我发现这个研究课题依旧让我无法忘却,更不用说我将其作为我一生的事业。这次受邀为此书撰写前言并包含一个历史回顾,使我想起第一次接触表面等离激元研究的情形。我的课题导师是 Roy Sambles——我现在才意识到我有多么得幸运。不知不觉中我已沉迷于等离激元物理学中:不仅仅是学习,而且是研究——让我陷入其中。在这20多年间表面等离激元领域已经发生了巨大的改变,就像等离激元的新外观一样,人们对它的研究兴趣日益高涨,并且越来越多的人加入到这一领域的研究。

　　但是对于等离激元这个主题出现的新知识,从哪里开始入手学习和研究呢? 一本好的著作可以充当指导和指南——它将使得一切的一切那么的不一样! 1982年我开始学习等离激元物理学的时候,那时最新版本的著作庞大而繁琐,书名叫做《Electromagnetic Surface Waves》(《电磁表面波》),由 Alan Boardman 编著。我和 Kevin Welford 一起在 Roy Sambles 的指导下攻读博士学位,作为入门者,我们发现《Electromagnetic Surface Waves》是一本令人生畏却十分有用的资源。于是我们便开始争先抢阅该书,不久之后这本书便被我们翻看得折痕累累而且封面也开始脱落。我在1986年离开等离激元研究领域,直到1992年才重新回到该研究领域。与此同时,Hans Raether 出版了《Surface Plasmons》(《表面等离激元》)一书。由于他把对等离激元物理的简洁朴素描述及深入研究进行了精彩绝伦的结合,特别是介绍部分——一本经典之作自此诞生。现在将近20年过去了,这本书仍然非常有用,但不可避免的是,在这个领域持续的飞速发展过程中它已经渐渐地过时了。在这个过程中有几卷专业的书籍出现,我们强烈地意识到我们需要一本更加与时俱进的关于等离激元的导论及可以在短时间整体了解本领域的概述。现在我们终于迎来了这样一本著作,这一切都该感谢 Stefan。

　　什么是等离激元学呢?"如果你知道麦克斯韦方程,一些物质特性以及边界条件,所有的都是经典因素——有什么新意在里面?"是的,你是否可以仅通过在金属上加上适当的结构,就能使这种合成材料具有斯涅耳定律相反的性质? 或者你能否将光束缚在尺寸小于100倍光波长的区域? 没有新的基本颗粒,没有新的宇宙理论,但是我们拥有好奇、冒险、对知识的追求以及其他有助于我们探索的资源。

　　四个基本要素构成了当今等离激元研究的基础。第一个要素是随时可利用的最先进的制备方法,特别是纳米结构的制备。第二个要素是,拥有大量高灵敏度的光学表征技术(很大一部分是现成可以直接购买的)。第三个要素是计算能力及计算速度的迅速发展,使得我们可以仅仅在笔记本电脑上执行强大的数值计算及建模。大部分研究者可以接触到等离激元领域的这一事实使得等离激元学领域迅速扩张，但是是什么推动该领域的扩张呢？

　　愤世嫉俗者指责研究者们是跟风盲从。然而，第四个要素，上述中所没有列出的，便是其广泛的潜在应用领域——太阳能电池、高分辨率显微镜、药物设计等。等离激元研究的应用事实上是强有力的推动因素，但是我想推动因素不仅仅只是它的应用。我知道我是带有偏见的，但是对于我而言，以及我揣测其他人都是认为它是一种冒险、想象的角色，希望能够找到新的东西，用于解释未知的世界，简而言之这就是科学，仅此而已。也许令人惊讶的还有很多主题，一个人可以做所有这些事情，而不需要观察重力波，建立粒子加速器，甚至解释喜欢做这样的事情的大脑是如何工作的。等离激元是这些小规模主题中的一项，在这个领域优秀的人们可以在有限的资源条件下做自己感兴趣的事，这正是它的魅力所在。

　　概略地说，等离激元研究领域已经具有一百多年的历史了。大约在上世纪之交，基于某些应用，已经通过另一种方式对那四个要素进行了描述。相关的最新的制造工艺有规则的衍射光栅制备，并通过此光栅得到的光谱进行光学表征。计算，特别是基于Rayleigh在衍射方面的工作以及Zenneck和Sommerfeld在表面波方面的工作——都是解析的，但是直到今天仍然具有利用价值。此外还有便是对金属特性的进一步理解，特别是从Drude实验中获得的认知。那么什么不见了？可能最重要的是这些行为没有被真正认同作为一个表面等离激元的普遍性概念。现在我们处于一个颇不寻常的境地，相关潜在的科学可以更好地被理解，但是当我们不断观察它时，仍能发现更多的惊喜。

　　回顾历史，我们可以更加清楚地认识到这一点。Thomas Ebbesen及其同事1998年发表在《自然》杂志上的论文——光线通过金属孔洞阵列的异常光透射引发了大量研究者进入该领域。伴随着微波领域进入到光谱领域雪崩式的发展，通过太赫兹、红外光谱、可见光到紫外光谱需要有一个入口点变得更加迫切。正如现在一样，它也许不是很全面，但是Stefan Maier的加入提供了一个与时俱进的引论以及一个伟大的当前发展概述。谁知道下一个崭新的概念可能在什么时候涌现？谁知道下一个重要的应用什么时候将会发生？也许没人知道，也许那份绚丽属于你。

Bill Barnes,
School of Physics, University of Exeter,
June 2006

序　言

等离激元学是具有深刻影响力的纳米光子学的主要组成部分,它主要研究被限制在光波长量级(或小于光波长)的电磁场的问题。它主要基于金属界面或者小的金属结构中电磁辐射和传导电子的相互作用过程,这种相互作用将导致亚波长尺寸的光学近场增强。

如果在这一领域的研究中考虑不连续的或亚波长尺寸的结构,往往将产生一些独特的令人意想不到的结果(即使是在现代光学研究领域中看似无意义的材料,如金属材料!)。这个领域的另一个亮点在于其牢牢扎根于经典物理,因而在电磁学方面具有坚实的背景知识的本科生能够充分地理解这一方向的主要内容。

然而历史表明,尽管早在 1900 年人们已经完整地描述了表面等离激元学的两个主要组成部分(表面等离极化激元和局域表面等离激元),但是人们仍很难理解这一领域中许多现象及相关应用之间的内在联系。这是由于在整个 20 世纪内,表面等离激元是在一系列不同的实验条件下发现的,而到目前为止,我们并没有找到这些条件之间的内在关联。

20 世纪初,在无线电波可以沿着具有一定电导率的导体表面传播的大背景下,人们建立了有关表面波的数学描述方法[Sommerfeld, 1899, Zenneck, 1907]。在可见光区域,直到 20 世纪中期,人们在光谱中观测到异常的光强减少后才将可见光在金属光栅[Wood, 1902]的反射与早期的理论工作结合在一起 [Fano, 1941]。在这段时间内,光与金属表面相互作用发生的光强衰减的现象是通过电子束在薄金属箔[Ritchie, 1957]的衍射来记录的,在 20 世纪 60 年代,这种方法就用于光学中有关衍射光栅的早期工作[Ritchie et al. , 1968]。在那个时候,Sommerfeld 已经实现了可见光耦合棱镜的表面波的激发 [Kretschmann 和 Raether, 1968],并且用表面等离激元对这些现象作出了统一的描述。

从那时起,人们在这个领域的研究工作主要集中于可见光光谱区域,而 21 世纪初在微波和太赫兹领域的新发现则与早在 100 多年前的工作相类似。金属纳米结构的局域表面等离激元的研究历史很清晰,有关玻璃染色的金属纳米颗粒的应用可以追溯到罗马时代。在 1900 年,人们已经建立了明确的数学基础 [Mie, 1908]。

这本书包含了这个领域的悠久历史,它不仅适用于那些只具备基本的电磁学或应用光学知识的想要探索此领域的本科生,还可作为此方向研究人员的颇具价值的参考资料。当然读者若想要更深入地学习,参考大量的文献也是很有必要的。在这本书中,我们挑选了一些原始的研究案例描述和引用,有些提供了作者对表面等离激元新的性质或者应用的首次描述,有些则在某些问题上给了我们启发性的指导。在许多情况下,考虑到研究工作的相似性,我们只选取了一小部分的研究结果进行介绍,许多没有列举的工作同样是很优秀的。

本书的第一部分将对这个领域做出充分的介绍,从经典电磁场理论的基本描述开始,特别将重点放在对导电材料的描述上。随后的章节将描述可见光区域的表面等离极化激元和局域表面等离激元以及低频下的表面电磁波模式。第二部分将描述有关此方向上的应用,如等离激元波导,用于光透射增强的小孔阵列,和各种几何形状的表面增强传感结构。最后,本书将对金属超材料进行简要的描述。

我希望本书能够实现它的作用,给现在以及未来从事这个领域的研究人员提供一个有用的工具,并加强不同衍生领域之间的联系。敬请各位读者批评指正。

Stefan Maier

致　谢

　　我要感谢我的同事 Tim Birks 对本书的所有校对工作,他曾参与过本书的底稿工作并提出了一些合理的建议,感谢 David Bird 对该项目的鼓励与支持。也要感谢我的学生 Charles de Nobriga 对本书版本的更新,最后感谢我的妻子 Mag,在我写作过程中给予我快乐……

目　录

第一部分　等离激元学基础

第二部分　等离激元学应用

第一部分

等离激元学基础

　　等离激元学研究目前正以惊人的速度发展,我们可预计在不远的将来将会有更多的人进入这个领域中。但对于一个入门者,应该从哪里开始学习呢?在进入特殊的分支领域、原理及应用的深入学习前,十分有必要从更专业的文献中学习理解坚实的理论基础。本部分旨在帮助读者建立这样的一个核心知识体系。第1章描述了金属的光学特性,首先介绍了麦克斯韦方程组,然后推导了自由电子气的介电函数。接下来的3章介绍了单界面和多层结构中的表面等离极化激元,并描述了用于激发和观察的实验方法。第5章增加介绍了等离激元学领域的第二个重要部分,即金属纳米结构中的局域等离激元。本书第一部分最后描述了低频下的电磁模式,其中基于金属的表面等离极化激元变得高度非定域化,必须利用表面结构实现更多的限制模式。

第 1 章　金属电磁学

几乎所有凝聚态物理方面的书籍都会涉及金属材料的光学特性,本书不再赘述 ,本章仅从研究表面等离极化激元理论的角度出发,引述一些最重要的事实和现象,作为理论基础。结合对麦克斯韦方程组(Maxwell's equations)的简要回顾,我们在较宽的频带范围内描述了理想和实际金属的电磁场响应,引入了在金属体材料中海量传导电子的基本激励:体等离激元。本章结尾讨论了在色散介质中的电磁场能量密度相关知识。

1.1　麦克斯韦方程组与电磁波传播理论

经典的麦克斯韦方程组完全可以描述金属材料和电磁场的相互作用。高浓度的自由载流子分散在一个较小的能级范围,与室温下的热激发能量 $k_B T$ 相当,因而即使针对数个纳米量级的金属结构都没有必要纳入量子力学的描述范畴。本书中描述的有关金属的光学知识属于经典理论领域。然而,这并不是回避各种出人意料的光学现象,因为光学性质有很强的频率依赖性。

根据我们的日常经验可知,对于频率达到可见光范围的电磁波,金属具有高反射率,不会让可见光透过。因此,金属通常用于制造微波和远红外频段的波导、谐振腔等器件结构的反射层。在上述的频段,由于入射电磁波中只有很少且可忽略的一部分透入到金属内部,因而金属材料可以用理想导体或良导体近似。而在近红外和可见光频段,由于频率较高,场的穿透程度明显地增大,导致损耗增大,这使得在微波或远红外波段能够正常工作的简单光子器件在可见光或近红外波段无法应用。最后,在紫外波段,金属具有介质特性,并能传输电磁波,虽然伴有不同程度的衰减,衰减幅度由材料的电子能带结构决定。碱金属,比如 Na,具有准类自由电子响应,呈现出对紫外光透明(ultraviolet transparency)的特性。另一方面,对于贵金属,比如 Au 或 Ag,电子能带跃迁会导致该频段很强的电磁吸收。

这些色散特性可以通过一个复介电函数 $\varepsilon(\omega)$ 来描述,该函数是本书一切论述的基础。这种光学响应的强频率相关性背后的物理本质是感生电流的相位变化,电流与周边电场有关,而电场的频率近似金属中电子弛豫时间 τ 的倒数(详见 1.2 节)。

在对金属的光学特性进行基本的描述之前,我们回到描述电磁响应的最基本方程,宏观麦克斯韦方程组。这种唯像研究优势在于介质中带电粒子与电磁场的基本相互作用不需要被考虑,因为那些快速变化的微观场所均匀散布的距离远远大于微观结构的尺寸。有关连续介质的电磁响应从微观到宏观的描述可以在大多数有关电磁场的教材中找到,如[Jackson,1999]。

因而我们以如下形式的宏观电磁学的麦克斯韦方程组作为研究的出发点：

$$\nabla \cdot \boldsymbol{D} = \rho_{ext} \tag{1.1a}$$

$$\nabla \cdot \boldsymbol{B} = 0 \tag{1.1b}$$

$$\nabla \times \boldsymbol{E} = -\frac{\partial \boldsymbol{B}}{\partial t} \tag{1.1c}$$

$$\nabla \times \boldsymbol{H} = \boldsymbol{J}_{ext} + \frac{\partial \boldsymbol{D}}{\partial t} \tag{1.1d}$$

这些等式将这四个宏观场 $\boldsymbol{D}$（电位移矢量），$\boldsymbol{E}$（电场强度矢量），$\boldsymbol{H}$（磁场强度矢量），和 $\boldsymbol{B}$（磁感应强度矢量或磁通量密度）与外部电荷密度 ρ_{ext} 和电流密度 $\boldsymbol{J}_{ext}$ 相联系。我们并没有按照通常的步骤将总电荷密度和总电流密度 ρ_{tot} 和 $\boldsymbol{J}_{tot}$ 分为自由与束缚两种情况来讨论，这是一个不合理的划分[Illinskii 和 Keldysh，1994]，会使得电位移边界条件的运用变得麻烦，特别是针对金属界面。因此，我们将其分为外部（ρ_{ext}，$\boldsymbol{J}_{ext}$）和内部（ρ，$\boldsymbol{J}$）两种情况，即 $\rho_{tot} = \rho_{ext} + \rho$ 与 $\boldsymbol{J}_{tot} = \boldsymbol{J}_{ext} + \boldsymbol{J}$。外部的量驱动系统，内部的量对外部激励作出响应[Marder，2000]。

这 4 个宏观场与极化量 $\boldsymbol{P}$ 和磁化量 $\boldsymbol{M}$ 进一步相关，其关系式如下：

$$\boldsymbol{D} = \varepsilon_0 \boldsymbol{E} + \boldsymbol{P} \tag{1.2a}$$

$$\boldsymbol{H} = \frac{1}{\mu_0} \boldsymbol{B} - \boldsymbol{M} \tag{1.2b}$$

其中 ε_0 和 μ_0 分别是真空电导率①和磁导率②。由于我们在书中只讨论非磁介质，我们不需要考虑由 $\boldsymbol{M}$ 表示的磁感应量，只描述电极化效应。$\boldsymbol{P}$ 描述了材料中的每单位体积的电偶极矩，这是由电场中微观偶极子因电场而对齐所体现的。它与内部电荷密度有关，关系为 $\nabla \cdot \boldsymbol{P} = -\rho$。由于电荷守恒规律（$\nabla \cdot \boldsymbol{J} = -\partial \rho / \partial t$），进而内部电荷与电流密度有如下关系：

$$\boldsymbol{J} = \frac{\partial \boldsymbol{P}}{\partial t} \tag{1.3}$$

这种近似方法一个很大的优势在于宏观电场包括了所有的极化效应；换句话说，外部场和内部场都包括在内。可以通过将式（1.2a）代入到式（1.1a）来表示：

$$\nabla \cdot \boldsymbol{E} = \frac{\rho_{tot}}{\varepsilon_0} \tag{1.4}$$

下面，我们仅讨论线性、各向同性、非磁性介质的情况。定义如下基本关系：

$$\boldsymbol{D} = \varepsilon_0 \varepsilon \boldsymbol{E} \tag{1.5a}$$

$$\boldsymbol{B} = \mu_0 \mu \boldsymbol{H} \tag{1.5b}$$

ε 是介电常数或者叫相对介电系数，$\mu = 1$ 是非磁性介质的相对磁导率。式（1.5a）所表示的 $\boldsymbol{D}$ 与 $\boldsymbol{E}$ 之间的线性关系也经常用电介质极化率 χ 来定义（特别是在光学响应的量子力

---

① $\varepsilon_0 \approx 8.854 \times 10^{-12} \mathrm{F/m}$
② $\mu_0 = 1.257 \times 10^{-6} \mathrm{H/m}$

学描述中［Boyd，2003］)，它描绘了 $\boldsymbol{P}$ 和 $\boldsymbol{E}$ 的线性关系：

$$\boldsymbol{P}=\varepsilon_0\chi\boldsymbol{E} \tag{1.6}$$

将式(1.2a)和式(1.6)代入到式(1.5a)得到 $\varepsilon=1+\chi$。

最后一个重要的本质线性关系是内部电流密度 $\boldsymbol{J}$ 和电场 $\boldsymbol{E}$ 之间的联系，用电导率 σ 定义如下：

$$\boldsymbol{J}=\sigma\boldsymbol{E} \tag{1.7}$$

下面我们将要说明的是 ε 和 σ 之间存在紧密联系，而且金属材料中电磁现象实际上能够用两者中的任一个来描述。历史上，在低频段(实际上是出于很多理论考虑)人们倾向于使用电导率，而实验物理学家通常利用介电常数表达光频范围内的观察结果。然而，在进一步的研究之前，我们必须指出式(1.5a)和式(1.7)的描述仅仅对于不体现时/空色散特性的线性介质来说是适用的。由于金属材料的光学响应有明显的频率相关性(可能也与波矢相关)，我们必须考虑时间和空间的非局部性效应，将上述的线性关系扩展变成如下：

$$\boldsymbol{D}(\boldsymbol{r},t)=\varepsilon_0\int dt'd\boldsymbol{r}'\varepsilon(\boldsymbol{r}-\boldsymbol{r}',t-t')\boldsymbol{E}(\boldsymbol{r}',t') \tag{1.8a}$$

$$\boldsymbol{J}(\boldsymbol{r},t)=\int dt'd\boldsymbol{r}'\sigma(\boldsymbol{r}-\boldsymbol{r}',t-t')\boldsymbol{E}(\boldsymbol{r}',t') \tag{1.8b}$$

因而 $\varepsilon_0\varepsilon$ 和 σ 描述了相关脉冲响应的线性关系。我们假设了所有的尺度都远大于材料的晶格尺寸，保证了齐次性，也就保证了脉冲响应函数与绝对时间空间坐标无关，而只与其变化相关。对于局域响应，脉冲响应函数形式是一个 δ 函数，式(1.5a)和式(1.7)的表达式有相应的修订。

方程组式(1.8)可通过对 $\int dtd\boldsymbol{r}e^{i(\boldsymbol{K}\cdot\boldsymbol{r}-\omega t)}$ 的傅里叶变换，将卷积运算转化为乘积运算，得到大大简化。采用分离变量法，场可由波矢 $\boldsymbol{K}$ 和角频率 ω 构成的频域解析式表达：

$$\boldsymbol{D}(\boldsymbol{K},\omega)=\varepsilon_0\varepsilon(\boldsymbol{K},\omega)\boldsymbol{E}(\boldsymbol{K},\omega) \tag{1.9a}$$

$$\boldsymbol{J}(\boldsymbol{K},\omega)=\sigma(\boldsymbol{K},\omega)\boldsymbol{E}(\boldsymbol{K},\omega) \tag{1.9b}$$

利用式(1.2a)、式(1.3)和式(1.9)，及 $\partial/\partial t\rightarrow-i\omega$，相对介电系数(从现在开始称之为介电函数)和电导率之间的基本关系表示为

$$\varepsilon(\boldsymbol{K},\omega)=1+\frac{i\sigma(\boldsymbol{K},\omega)}{\varepsilon_0\omega} \tag{1.10}$$

在光波和金属材料的相互作用中，介电响应的通常形式 $\varepsilon(\omega,\boldsymbol{K})$ 可以简化为空间的局部响应，即 $\varepsilon(\boldsymbol{K}=0,\omega)=\varepsilon(\omega)$，适用的条件是材料中的光波长 λ 远远大于材料所有的特征尺寸，如晶胞尺寸或者电子平均自由程。这种简化在紫外频段依然适用。

式(1.10)反映了完全根据惯例将电子分为束缚和自由的两类时具有一定的任意性。低频条件下，ε 通常用来描述束缚电子对周边电场的响应，这种响应导致了电极化，而 σ 用来描述自由电子对电流的影响。然而在光频段，材料中束缚电子和自由电子的区别是难以界定的。举例来说，对于高掺杂半导体材料，束缚的价带电子的响应可以集中表现为一个稳定的介电常数 $\delta\varepsilon$，而导带电子的响应变为 σ'，产生了介电函数 $\varepsilon(\omega)=\delta\varepsilon+\frac{i\sigma'(\omega)}{\varepsilon_0\omega}$。一个简单的重新定义 $\delta\varepsilon\rightarrow1$ 和 $\sigma'\rightarrow\sigma'+\frac{\varepsilon_0\omega}{i}\delta\varepsilon$，我们得到了一般式(1.10)

[Aschcroft 和 Mermin, 1976]。

　　总而言之, $\varepsilon(\omega) = \varepsilon_1(\omega) + i\varepsilon_2(\omega)$ 和 $\sigma(\omega) = \sigma_1(\omega) + i\sigma_2(\omega)$ 是关于角频率 ω 的复函数, 它们的关系由式(1.10)表达。在光频下, ε 可以通过实验法测定, 例如通过反射率的研究和复折射率的测定 $\tilde{n}(\omega) = n(\omega) + i\kappa(\omega)$, 可得 $\tilde{n} = \sqrt{\varepsilon}$。于是:

$$\varepsilon_1 = n^2 - \kappa^2 \tag{1.11a}$$

$$\varepsilon_2 = 2n\kappa \tag{1.11b}$$

$$n^2 = \frac{\varepsilon_1}{2} + \frac{1}{2}\sqrt{\varepsilon_1^2 + \varepsilon_2^2} \tag{1.11c}$$

$$\kappa = \frac{\varepsilon_2}{2n} \tag{1.11d}$$

κ 被称为消光系数, 它确定了媒介的光吸收特性, 与比尔定律(Beer's law)(比尔定律描述了光在媒介中传播时强度按指数衰减 $I(x) = I_0 e^{-\alpha x}$)中的吸收系数的关系如下:

$$\alpha(\omega) = \frac{2\kappa(\omega)\omega}{c} \tag{1.12}$$

　　因此, 介电函数的虚部 ε_2 决定了媒介内部的吸收量。当 $|\varepsilon_1| \gg |\varepsilon_2|$, 折射率的实部主要由 ε_1 决定, 实部的作用是定量描述了由于材料极化所造成的波传播中相速度的衰减。因而考察式(1.10)发现它揭示了 σ 的实部决定了吸收量, 而虚部影响了 ε_1, 进而影响了极化量。

　　这个部分的最后, 我们研究在没有外部激励的情况下的麦克斯韦方程组的行波解。结合旋度方程式(1.1c)、式(1.1d)得到时域和傅里叶域下的波动方程:

$$\nabla \times \nabla \times \boldsymbol{E} = -\mu_0 \frac{\partial^2 \boldsymbol{D}}{\partial t^2} \tag{1.13a}$$

$$\boldsymbol{K}(\boldsymbol{K} \cdot \boldsymbol{E}) - K^2 \boldsymbol{E} = -\varepsilon(\boldsymbol{K}, \omega)\frac{\omega^2}{c^2}\boldsymbol{E} \tag{1.13b}$$

$c = \dfrac{1}{\sqrt{\varepsilon_0 \mu_0}}$ 是光在真空中的速度。按照电场矢量的极化方向, 我们需要分两种情况来讨论。对于横波, $\boldsymbol{K} \cdot \boldsymbol{E} = 0$, 得到如下的一般色散关系:

$$K^2 = \varepsilon(\boldsymbol{K}, \omega)\frac{\omega^2}{c^2} \tag{1.14}$$

对于纵波, 意味着

$$\varepsilon(\boldsymbol{K}, \omega) = 0 \tag{1.15}$$

式(1.13b)说明了纵向集体共振只会在 $\varepsilon(\omega)$ 的零点所对应的频率下发生。我们将会在 1.3 节讨论体等离激元时回顾这一点。

1.2　自由电子气的介电函数

　　在一个宽的频率范围内, 金属的光学性质可利用等离子体模型描述, 即自由电子气(其自由电子数密度为 n)以固定带正电的离子核为参照物, 做背离它的运动。对于碱金属材料,这个模型适用的频率范围可拓展到紫外区,而对于贵金属而言,带间跃迁发生在可见光区,则限制了上述模型的适用范围。在等离子体模型中,晶格势能和电子间的相互作用的细节不做考虑。在另外一个简单的替代假设中,能带结构的某些特点可纳入到每个电子的有效光学质量 m 之中。电子在周围作用的电磁场中振动,其动能由相互间的碰撞而衰减,碰撞特征频率为 $\gamma = 1/\tau$。τ 即为自由电子的弛豫时间,在室温下通常在 10^{-14} s 的数量级,对应的 γ 为 100 THz。

在外加电场 $\boldsymbol{E}$ 下,等离子体中单个电子的简单运动方程为

$$m\ddot{x} + m\gamma\dot{x} = -e\boldsymbol{E} \tag{1.16}$$

如果我们假设作用电场的时域调谐形式为 $\boldsymbol{E}(t) = \boldsymbol{E}_0 e^{-i\omega t}$,那么描述电子碰撞的一个特殊解是 $x(t) = x_0 e^{-i\omega t}$。复振动幅度 x_0 整合了作用电场和响应之间的所有相移:

$$x(t) = \frac{e}{m(\omega^2 + i\gamma\omega)}\boldsymbol{E}(t) \tag{1.17}$$

位移电子对宏观极化的影响为 $\boldsymbol{P} = -nex$,具体表达式为

$$\boldsymbol{P} = -\frac{ne^2}{m(\omega^2 + i\gamma\omega)}\boldsymbol{E} \tag{1.18}$$

将上述 $\boldsymbol{P}$ 的表达式代入到式(1.2a)得到

$$\boldsymbol{D} = \varepsilon_0\left(1 - \frac{\omega_p^2}{\omega^2 + i\gamma\omega}\right)\boldsymbol{E} \tag{1.19}$$

其中 $\omega_p^2 = \dfrac{ne^2}{\varepsilon_0 m}$ 是自由电子气的等离子体频率。自由电子气的介电函数为

$$\varepsilon(\omega) = 1 - \frac{\omega_p^2}{\omega^2 + i\gamma\omega} \tag{1.20}$$

这个复介电函数的实部和虚部组成部分由下式给出:

$$\varepsilon_1(\omega) = 1 - \frac{\omega_p^2\tau^2}{1 + \omega^2\tau^2} \tag{1.21a}$$

$$\varepsilon_2(\omega) = \frac{\omega_p^2\tau}{\omega(1 + \omega^2\tau^2)} \tag{1.21b}$$

其中 $\gamma = 1/\tau$。在与碰撞频率 γ 相关的不同频率范围内研究式(1.20)具有很大的意义。在 $\omega < \omega_p$ 频率范围内,金属特性不变。对于接近 ω_p 的较大频段,系数 $\omega\tau \gg 1$,导致微小的衰减。这样,$\varepsilon(\omega)$ 的实部是主要部分,且

$$\varepsilon(\omega) = 1 - \frac{\omega_p^2}{\omega^2} \tag{1.22}$$

可以看作为无衰减自由电子等离子体的介电函数。在这个频率范围,由于带间跃迁,贵金属的性质完全改变,即 ε_2 增加。1.4 节会以 Au 和 Ag 为例来进一步讨论。

在 $\omega \ll \tau^{-1}$ 的很低的频段下,则 $\varepsilon_2 \gg \varepsilon_1$,复折射率的实部和虚部的幅度大小相近:

$$n \approx \kappa = \sqrt{\frac{\varepsilon_2}{2}} = \sqrt{\frac{\tau\omega_p^2}{2\omega}} \tag{1.23}$$

在这个频率段,金属主要呈吸收特性,吸收系数为

$$\alpha = \left(\frac{2\omega_p^2 \tau \omega}{c^2}\right)^{1/2} \tag{1.24}$$

引入直流电导率 σ_0,这个表达式则可用 $\sigma_0 = \dfrac{ne^2\tau}{m} = \omega_p^2 \tau \varepsilon_0$ 改写为

$$\alpha = \sqrt{2\sigma_0 \omega \mu_0} \tag{1.25}$$

Beer 的吸收定律的应用表明了低频段下场在金属中按 $e^{-z/\delta}$ 规律衰减,其中 δ 是趋肤深度

$$\delta = \frac{2}{\alpha} = \frac{c}{\kappa\omega} = \sqrt{\frac{2}{\sigma_0 \omega \mu_0}} \tag{1.26}$$

更严格的基于玻尔兹曼传输方程(Boltzmann transport equation)的低频特性描述[Marder,2000]表明上述等式只要当电子平均自由程满足 $l = v_F \tau \ll \delta$ 时就能成立,其中 v_F 是费米速度。在室温下,典型金属的值为 $l \approx 10$ nm,$\delta \approx 100$ nm,而这组数据是满足自由电子模型的。然而在低温下,平均自由程会增加多个数量级,导致穿透深度变化。这个现象被称为非规则趋肤效应(反常因效应)。

如果我们用 σ 代替 ε 来描述金属的介电响应,我们发现在吸收部分主要是实部,并且自由电荷速率与驱动电场同相,这可以通过对式(1.17)积分得到。直流下,自由电子的弛豫效应可以很方便地用直流电导率的实部 σ_0 来描述,然而,束缚电荷的响应则用介电常数 ε_B 来描述,这些情况验证了前面关于 ε 和 σ 之间的本质联系。

在更高的频率范围($1 \leqslant \omega\tau \leqslant \omega_p\tau$),复折射率主要表现为虚数(导致反射系数 $R \approx 1$[Jackson,1999]),并且 σ 具有更多复杂的特性,使得自由电荷与束缚电荷之间的界限变得模糊不清。就光学响应而言,正如前面所说,由于自由电子和束缚电子之间划分的随意性,使得 $\sigma(\omega)$ 只出现在联式(1.10)中[Ashcroft 和 Mermin,1976]。

然而直到这里我们之前的描述都是假设了一个理想的自由电子金属,现在我们简单地把这个模型与几个真实的金属材料案例相比较,真实的金属在等离激元研究领域很重要(在 1.4 节中有深入的讨论)。在自由电子模型中,在 $\omega \gg \omega_p$ 频率下 $\varepsilon \to 1$。对于贵金属(如 Au,Ag,Cu),在 $\omega > \omega_p$ 频率区域需要对这个模型进行拓展(这里响应是由自由 s 轨道电子确定),这是因为靠近费米表面的能带被占满将导致高度极化现象。由离子核的正电本底引起的残余极化可以通过把 $P_\infty = \varepsilon_0(\varepsilon_\infty - 1)E$ 加入至式(1.2a)中来描述,其中 P 仅表示由自由电子引起的极化,如式(1.18)。因而这个效应可以由介电常数 ε_∞(通常 $1 \leqslant \varepsilon_\infty \leqslant 10$)描述,

$$\varepsilon(\omega) = \varepsilon_\infty - \frac{\omega_p^2}{\omega^2 + i\gamma\omega} \tag{1.27}$$

如图 1.1,我们以 Au 为例来说明式(1.27)的有效性。式中介电函数的实部 ε_1 和虚部 ε_2 与实验中测得的介电函数相吻合[Johnson 和 Christy,1972]。很明显,在可见光频段,由于内部能带跃迁的发生,导致 ε_2 变大,自由电子模型不再适用(详见 1.4 章节)。与图 1.1 中相对应的复折射率的实部和虚部拟合曲线如图 1.2。

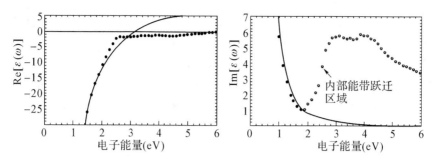

图 1.1 自由电子气(实线)介电函数 $\varepsilon(\omega)$(1.27)与 Au 的介质数据的实际测量值[Johnson 和 Christy, 1972](点)相吻合。内部能带跃迁限制了这个模型在可见光区和更高频段的适用性。

将自由电子等离子体的介电函数与传统的金属交流电导率 $\sigma(\omega)$ 的德鲁特模型(Drude model)[Drude, 1900]相联系具有启发意义。式(1.16)可改写为下式来体现上述联系:

$$\dot{\boldsymbol{p}} = -\frac{\boldsymbol{p}}{\tau} - e\boldsymbol{E} \tag{1.28}$$

其中 $\boldsymbol{p} = m\dot{\boldsymbol{x}}$ 是单个自由电子的动量。基于上述的变量,交流电导率 $\sigma = \frac{ne\boldsymbol{p}}{m}$ 变化为如下表达式:

$$\sigma(\omega) = \frac{\sigma_0}{1 - \mathrm{i}\omega\tau} \tag{1.29}$$

通过比较等式(1.20)和式(1.29),可得到

$$\varepsilon(\omega) = 1 + \frac{\mathrm{i}\sigma(\omega)}{\varepsilon_0\omega} \tag{1.30}$$

这样又回到了方程式(1.10)的一般解。因而,式(1.20)所示的自由电子气的介电函数也被称作为金属材料光学响应的德鲁特模型。

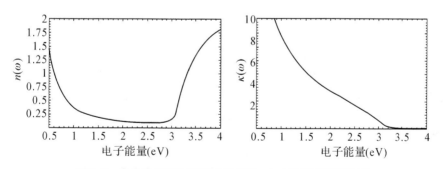

图 1.2 自由电子气(实线)介电函数 $\varepsilon(\omega)$ 的复折射率响应

1.3 气态自由电子的色散特性和体等离激元

本节主要讨论自由电子气模型中的没有讨论的 $\omega > \omega_p$ 透明频段。式(1.22)代入到式(1.14)中后,行波的色散关系变为

$$\omega^2 = \omega_p^2 + K^2 c^2 \tag{1.31}$$

普通自由电子金属的这种色散关系如图 1.3,可以看到,对于 $\omega<\omega_p$,横电磁波不能在金属等离子体中传播。然而,对于 $\omega>\omega_p$,等离子体中能够传播横波,其群速度是 $v_g=\mathrm{d}\omega/\mathrm{d}K<c$。

我们知道在局部阻尼限制下,$\varepsilon(\omega_p)=0(K=0)$,这点能够更好地阐述等离子体频率 ω_p 的重要性。因而激励必须与一个纵向模式群相对应,这点正如式(1.15)的推导讨论所示。在这种情况下,$D=0=\varepsilon_0 E+P$。我们发现,在等离子体频率的电场是一个纯粹的去极化场,且 $E=\dfrac{-P}{\varepsilon_0}$。

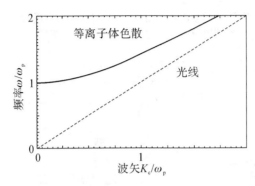

图 1.3　自由电子气的色散关系。电磁波只在 $\omega>\omega_p$ 时能够传播。

在 ω_p 频率下的激励的物理意义可以理解为,在等离子体平板上,传导电子气的纵向振动模式群与底板上位置固定的正离子团相对应,因而保持电中性。如图 1.4 所示,电子云距离为 u 的集体位移导致了在平板边界上的表面电子浓度为 $\sigma=\pm neu$。平板中产生了一个均匀的电场 $E=\dfrac{neu}{\varepsilon_0}$。这样,位移的电子将受到一个束缚力,其运动情况可用方程 $nm\ddot{u}=-neE$ 描述。将电场的表达式代入得到

$$nm\ddot{u}=-\frac{n^2e^2u}{\varepsilon_0} \tag{1.32a}$$

$$\ddot{u}+\omega_p^2u=0 \tag{1.32b}$$

这样等离子体频率 ω_p 可以看做是大量电子自由振荡的内在频率。注意到我们的推导默认为所有的电子同相运动,这样 ω_p 所对应的就是在 $K=0$ 的长波限制下的碰撞频率。这些带电振荡的量子群称为等离激元(或者叫做体等离激元,本文的后续讨论会将其细分为表面等离激元和局域等离激元)。由于激励波具有的纵向本质,等离激元并不与横波耦合,并且只能被粒子碰撞激发。这个特征还使得等离激元只有通过能量传输到单电子中才会发生衰减,即所谓朗道阻尼(Landau damping)。

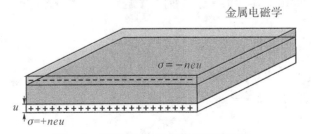

图 1.4　金属电子传导的纵向集体位移。

金属的等离子体频率通常是通过电子损失谱来获得,相关实验中,电子会穿过金属薄片。对于大多数金属,等离子体频率是在紫外区域:ω_p 是在 5 eV~15 eV 量级,准确的数值由具体的能级结构决定[Kittel,1996]。此外,需要注意的是在介质中也可以观察到类似的纵向振荡,其中价电子与离子团发生集群振荡。

补充几点,在 ω_p 频率下的同相振动中,存在一类具有有限波矢的在更高频段下的纵向振荡,满足式(1.15)。等离激元色散关系的推导适用于 ω_p 频率下的同相振荡,在众多凝聚态物理学的书中可以找到对应描述[Marder,2000,Kittel,1996]。对于二阶 K 波矢,存在关系式

$$\omega^2 = \omega_p^2 + \frac{6E_F K^2}{5m} \tag{1.33}$$

其中 E_F 是费米能量。上述色散关系可以用非弹性散射实验,如电子能量损失谱(electron energy loss spectroscopy,EELS)来测量。

1.4　实际金属和带间跃迁

我们之前多次提到德鲁特模型描述的介电函数充分地描述了金属的光学响应,但上述描述只针对光子能量小于电子能带间跃迁阈值的情况。对于某些贵金属,带间效应在光子能量超过 1 eV(对应的波长为 $\lambda \approx 1~\mu m$)时就已经产生了。举例来说,图 1.1 和图 1.5 分别为 Au、Ag 两种材料的介电函数的实部 $\varepsilon_1(\omega)$ 与虚部 $\varepsilon_2(\omega)$[Johnson 和 Christy,1972],符合德鲁特模型。很明显地,上述模型并不能在高频率下描述 ε_1 和 ε_2,而且对于 Au,它的有效性在近红外和可见光的分界处就已经不理想了。

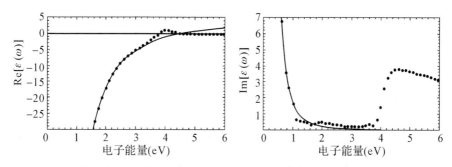

图 1.5　Ag 的介电函数 $\varepsilon(\omega)$ 的实部和虚部,由 Johnson 和 Christy 测得[Johnson 和 Christy,1972] (图中的点),数据与德鲁特模型相符。

关于德鲁特模型和实际金属的介电响应的比较,我们仅以 Au 和 Ag 两种材料为例,而两者是可见光和近红外频段内最重要的光学金属材料。在它们各自的能带边沿阈值,光子很容易会带间跃迁,其中在费米面下面的满带的电子会被激发到更高的能带。理论上,这些现象可以用半导体科学中与直接带间跃迁相同的描述方法来解释[Ashcroft 和 Mermin,1976,Marder,2000],因而我们不再进行更详细的讨论。上述过程中与表面等离激元有关的主要结果是产生衰减和在可见光频段的两个激励之间产生竞争。

从实用性上来讲,德鲁特模型的一个巨大的优势在于其可利用麦克斯韦方程组基于时域的数值求解方法,如时域有限差分法(finite-difference time-domain,FDTD)[Kashiwa 和 Fukai,1990],即通过式(1.16)对感生电流进行直接计算。式(1.34)可代替式(1.16)来克服德鲁特模型描述 Au、Ag 在可见光频段光学性质的不足:

$$m\ddot{x}+m\gamma\dot{x}+m\omega_0^2 x=-e\boldsymbol{E} \tag{1.34}$$

由此,带间跃迁可以用共振频率为 ω_0 的束缚电子这种经典方法来描述,进而式(1.34)可以用来计算产生的极化。如需精确地计算类似贵金属的介电模型 $\varepsilon(\omega)$,还必须解决许多类似形式的方程(都会分别对整体的极化产生作用)。上述每个等式都会基于自由电子结果式(1.20)补充洛伦兹-谐振子项(Lorentz-oscillator term),该项形式为 $\dfrac{A_i}{\omega_i^2-\omega^2-\mathrm{i}\gamma_i\omega}$ [Vial et al.,2005]。

1.5　金属中电磁场能量

本章结束之前,我们对金属中或者更广泛的色散介质中电磁场能量情况做一个简单的回顾。由于电磁场局域化通常采用电磁场能量分布来量化,因此有必要对色散效应仔细考虑。对于无色散无损耗线性介质(如式(1.5)所指),总的电磁场能量密度可以如下表述[Jackson,1999]:

$$u=\frac{1}{2}(\boldsymbol{E}\cdot\boldsymbol{D}+\boldsymbol{B}\cdot\boldsymbol{H}) \tag{1.35}$$

这个表达式与坡印亭矢量 $\boldsymbol{S}=\boldsymbol{E}\times\boldsymbol{H}$ 一同代入到守恒定律中可得到

$$\frac{\partial u}{\partial t}+\nabla\cdot\boldsymbol{S}=-\boldsymbol{J}\cdot\boldsymbol{E} \tag{1.36}$$

将电磁场能量密度的变化与金属中的能量流动和吸收相联系起来。

接下来,我们重点研究电场 $\boldsymbol{E}$ 对总的电磁场能量密度的影响因子 u_E。金属中的 ε 是复数,且与频率有关,导致了色散特性,因而式(1.35)就不适用了。对于单物理量场(如电场或者磁场),Landau 和 Lifshitz 已经证明了如果用一个有效电能量密度 u_{eff} 代替 u_E,则守恒定律式(1.36)可以适用,u_{eff} 定义如下:

$$u_{\mathrm{eff}}=\frac{1}{2}\mathrm{Re}\left[\frac{\mathrm{d}(\omega\varepsilon)}{\mathrm{d}\omega}\right]_{\omega_0}\langle\boldsymbol{E}(\boldsymbol{r},t)\cdot\boldsymbol{E}(\boldsymbol{r},t)\rangle \tag{1.37}$$

其中 $\langle\boldsymbol{E}(\boldsymbol{r},t)\cdot\boldsymbol{E}(\boldsymbol{r},t)\rangle$ 表示一个光周期的场平均,ω_0 是工作频率。这个表达式只适用于 $\boldsymbol{E}$ 仅仅在 ω_0 附近狭小频率范围内是可估计的情形,而且场相较于时间尺度 $1/\omega_0$ 是缓慢变化的。此外,假设条件为 $|\varepsilon_2|\ll|\varepsilon_1|$,因而吸收率很小。正确计算式(1.36)右侧的吸收的部分需要额外地注意,其中如果金属的介电响应完全由 $\varepsilon(\omega)$ 来描述,则 $\boldsymbol{J}\cdot\boldsymbol{E}$ 需要用 $\omega_0\mathrm{Im}[\varepsilon(\omega_0)]\langle\boldsymbol{E}(\boldsymbol{r},t)\cdot\boldsymbol{E}(\boldsymbol{r},t)\rangle$ 来替换[Jackson,1999],这与之前的讨论式(1.10)相符。

低吸收的要求使式(1.37)的适用性限制在可见光和近红外频段,但不是更低频率段或者存在带间效应 $|\varepsilon_2|>|\varepsilon_1|$ 的频段。然而,电场能量还可以通过明确地引入电极化来

明确,如式(1.16)所描述的[Loudon,1970,Ruppin,2002]。自由电子介电函数如式(1.20)所示,即 $\varepsilon = \varepsilon_1 + i\varepsilon_2$,其所定义材料的电场能量表达如下:

$$u_{\mathrm{eff}} = \frac{\varepsilon_0}{4}\left(\varepsilon_1 + \frac{2\omega\varepsilon_2}{\gamma}\right)|\boldsymbol{E}|^2 \tag{1.38}$$

其中 1/2 因子的引入是因为默认了振荡场具有谐波时域特性。忽略 ε_2 可将式(1.38)简化为时谐场形式的式(1.37)。在第 2 章中,式(1.38)会被用于讨论金属表面的局域场能量局域化程度。

第 2 章　金属/绝缘体界面上的表面等离极化激元

表面等离极化激元是一种沿着介质和导体界面方向传播的电磁波,而在沿界面垂直方向上呈现约束并倏逝衰减。电磁场与导体内电子等离子体振荡的耦合作用激发了上述的表面电磁波。从波动方程出发,本章讨论在单一平面界面和多层金属/介质界面中表面等离极化激元的基本原理。结合表面激发的色散关系和空间分布特性的分析,本章对场约束程度的定量计算进行了详细的讨论。表面等离极化激元在波导中的应用将在第 7 章中讨论。

2.1　波动方程

为了探索表面等离极化激元(surface plasmon polaritons,SPPs)的物理属性,我们首先回顾导体和介质界面处的麦克斯韦方程组式(1.1)。为了使讨论更加清晰明了,我们先将方程组由一般形式改写为行波形式,即波动方程形式。

如第 1 章所述,当外部电荷密度和电流密度为零时,旋度方程(1.1c,1.1d)联立可得

$$\nabla \times \nabla \times \boldsymbol{E} = -\mu_0 \frac{\partial^2 \boldsymbol{D}}{\partial t^2} \tag{2.1}$$

由于外部激励为零,即$\nabla \cdot \boldsymbol{D} = 0$,利用$\nabla \times \nabla \times \boldsymbol{E} \equiv \nabla(\nabla \cdot \boldsymbol{E}) - \nabla^2 \boldsymbol{E}$ 和$\nabla \cdot (\varepsilon \boldsymbol{E}) = \boldsymbol{E} \cdot \nabla \varepsilon + \varepsilon \nabla \cdot \boldsymbol{E}$,式(2.1)可以改写为

$$\nabla \left(-\frac{1}{\varepsilon} \boldsymbol{E} \cdot \nabla \varepsilon \right) - \nabla^2 \boldsymbol{E} = -\mu_0 \varepsilon_0 \varepsilon \frac{\partial^2 \boldsymbol{E}}{\partial t^2} \tag{2.2}$$

忽略介电函数$\varepsilon = \varepsilon(\boldsymbol{r})$在一个光波长尺度量级上的微小变化,式(2.2)简化为电磁波理论的核心方程

$$\nabla^2 \boldsymbol{E} - \frac{\varepsilon}{c^2} \frac{\partial^2 \boldsymbol{E}}{\partial t^2} = 0 \tag{2.3}$$

实际上,该方程应在不同的介电常数ε定义的区域内分别求解,并且所求得的解必须与在近似边界条件下计算得到的结果匹配。为了使式(2.3)更好地描述具有约束的传输波,我们进行两步变换,首先,一般情况下,我们假设电场为时域谐波形式$\boldsymbol{E}(\boldsymbol{r}, t) = \boldsymbol{E}(\boldsymbol{r}) \mathrm{e}^{-\mathrm{i}\omega t}$,并将其代入到式(2.3)中,得到

$$\nabla^2 \boldsymbol{E} + k_0^2 \varepsilon \boldsymbol{E} = 0 \tag{2.4}$$

其中, $k_0 = \dfrac{\omega}{c}$, 是在真空中传输波的波矢。方程(2.4)即著名的亥姆赫兹方程(Helmholtz equation)。

接下来, 我们必须定义用于传播的空间结构。为简单起见, 我们只讨论一维问题, 例如 ε 只在一个方向上变化。具体地说, 电磁波沿着笛卡儿坐标系的 x 轴传播, 而在其他两个方向上没有空间分布变化(见图 2.1), 因此 ε＝ε(z)。

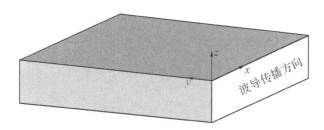

图 2.1　平面光波导的几何结构图示。电磁波沿着笛卡儿坐标系的 x 轴传播。

对于电磁场表面问题, 假定 $z = 0$ 平面为传输波面, 电场分布可以定义为

$$\boldsymbol{E}(x, y, z) = \boldsymbol{E}(z)\mathrm{e}^{\mathrm{i}\beta x}$$

复数参数 $\beta = k_x$ 被称为行波的传播常数, 为对应的传播方向的波矢分量。将这个表达式代入到式(2.4), 得到波动方程的表达形式

$$\frac{\partial^2 \boldsymbol{E}(z)}{\partial z^2} + (k_0^2 \varepsilon - \beta^2)\boldsymbol{E} = 0 \tag{2.5}$$

显然, 对于磁场 $\boldsymbol{H}$ 有同样类似的波动方程。

方程式(2.5)一般是分析波导中电磁传输模式的出发点, 其深入的讨论和应用可以在著作[Yariv, 1997]中找到, 在光子学和光电子学中也有相似的处理。为了使用波动方程来研究波传输过程中的场空间分布和色散特性, 我们需要分别得到电场 $\boldsymbol{E}$ 和磁场 $\boldsymbol{H}$ 的解析表达式, 可从旋度方程式(1.1c, 1.1d)直接得到。

依据时域谐波变量($\dfrac{\partial}{\partial t} = -\mathrm{i}\omega$), 耦合波方程组可以改写如下:

$$\frac{\partial E_z}{\partial y} - \frac{\partial E_y}{\partial z} = \mathrm{i}\omega\mu_0 H_x \tag{2.6a}$$

$$\frac{\partial E_x}{\partial z} - \frac{\partial E_z}{\partial y} = \mathrm{i}\omega\mu_0 H_y \tag{2.6b}$$

$$\frac{\partial E_y}{\partial x} - \frac{\partial E_x}{\partial y} = \mathrm{i}\omega\mu_0 H_z \tag{2.6c}$$

$$\frac{\partial H_z}{\partial y} - \frac{\partial H_y}{\partial z} = -\mathrm{i}\omega\varepsilon_0\varepsilon E_x \tag{2.6d}$$

$$\frac{\partial H_x}{\partial z} - \frac{\partial H_z}{\partial x} = -\mathrm{i}\omega\varepsilon_0\varepsilon E_y \tag{2.6e}$$

$$\frac{\partial H_y}{\partial x} - \frac{\partial H_x}{\partial y} = -\mathrm{i}\omega\varepsilon_0\varepsilon E_z \tag{2.6f}$$

对于沿 x 轴方向传播的波有 $\frac{\partial}{\partial x}=\mathrm{i}\beta$，沿 y 轴传播的均匀波有 $\frac{\partial}{\partial y}=0$，上述方程可进一步简化为

$$\frac{\partial E_y}{\partial z}=-\mathrm{i}\omega\mu_0 H_x \tag{2.7a}$$

$$\frac{\partial E_x}{\partial z}-\mathrm{i}\beta E_z=\mathrm{i}\omega\mu_0 H_y \tag{2.7b}$$

$$\mathrm{i}\beta E_y=\mathrm{i}\omega\mu_0 H_z \tag{2.7c}$$

$$\frac{\partial H_y}{\partial z}=\mathrm{i}\omega\varepsilon_0\varepsilon E_x \tag{2.7d}$$

$$\frac{\partial H_x}{\partial z}-\mathrm{i}\beta H_z=-\mathrm{i}\omega\varepsilon_0\varepsilon E_y \tag{2.7e}$$

$$\mathrm{i}\beta H_y=-\mathrm{i}\omega\varepsilon_0\varepsilon E_z \tag{2.7f}$$

上述方程组很清楚地表明，它包括两种不同极化模式传输波的独立解：第 1 组为横向磁场模式（Transverse Magnetic，简写为 TM 或者 p），只有场量 E_x，E_z，H_y 非零；第 2 组为横向电场模式（Transverse Electric，简写为 TE 或者 s），只有 H_x，H_z 和 E_y 非零。

对于 TM 模式，整个体系中的核心方程式（2.7）简化为

$$E_x=-\mathrm{i}\,\frac{1}{\omega\varepsilon_0\varepsilon}\frac{\partial H_y}{\partial z} \tag{2.8a}$$

$$E_z=-\frac{\beta}{\omega\varepsilon_0\varepsilon}H_y \tag{2.8b}$$

故 TM 模式的波动方程整理为

$$\frac{\partial^2 H_y}{\partial z^2}+(k_0^2\varepsilon-\beta^2)H_y=0 \tag{2.8c}$$

对于 TE 模式可以做类似的处理

$$H_x=\mathrm{i}\,\frac{1}{\omega\mu_0}\frac{\partial E_y}{\partial z} \tag{2.9a}$$

$$H_z=\frac{\beta}{\omega\mu_0}E_y \tag{2.9b}$$

TE 模式的波动方程为

$$\frac{\partial^2 E_y}{\partial z^2}+(k_0^2\varepsilon-\beta^2)E_y=0 \tag{2.9c}$$

在理解基本的电磁场波动方程理论后，读者即可随本书开启对表面等离极化激元的探索。

2.2　金属/介质单界面上的表面等离极化激元

最简单的能够支持表面等离极化激元模式的结构是在无吸收电介质半空间（$z>0$）与相邻的导电金属半空间（$z<0$）之间的简单二维交界面（图 2.2），其中电介质的介电常

数为正实数 ε_2，金属的介电函数为 $\varepsilon_1(\omega)$。

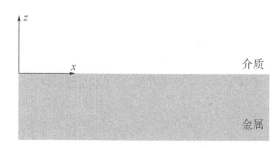

图 2.2　表面等离极化激元在金属和介质单一界面传播的几何结构示意图。

由金属的特性可知 $\varepsilon_1(\omega)$ 的实部 $\mathrm{Re}[\varepsilon_1]<0$，正如第 1 章中所述，对金属而言，只要在电磁波频率低于体材料的等离激元频率 ω_p 时，上述说法都能成立。我们研究的目的是要了解可约束于界面附近的传输波模式，即在垂直的 z 方向上迅速倏逝衰减的模式。

我们首先来看 TM 模式的求解情况，在上述的两种材料属性空间中，波动方程组式 (2.8) 是要区别处理的，在 $z>0$ 区域：

$$H_y(z)=A_2\,\mathrm{e}^{\mathrm{i}\beta x}\,\mathrm{e}^{-k_2 z} \tag{2.10a}$$

$$E_x(z)=\mathrm{i}A_2\,\frac{1}{\omega\varepsilon_0\varepsilon_2}k_2\,\mathrm{e}^{\mathrm{i}\beta x}\,\mathrm{e}^{-k_2 z} \tag{2.10b}$$

$$E_z(z)=-A_1\,\frac{\beta}{\omega\varepsilon_0\varepsilon_2}\mathrm{e}^{\mathrm{i}\beta x}\,\mathrm{e}^{-k_2 z} \tag{2.10c}$$

在 $z<0$ 区域：

$$H_y(z)=A_1\,\mathrm{e}^{\mathrm{i}\beta x}\,\mathrm{e}^{k_1 z} \tag{2.11a}$$

$$E_x(z)=-\mathrm{i}A_1\,\frac{1}{\omega\varepsilon_0\varepsilon_1}k_1\,\mathrm{e}^{\mathrm{i}\beta x}\,\mathrm{e}^{k_1 z} \tag{2.11b}$$

$$E_z(z)=-A_1\,\frac{\beta}{\omega\varepsilon_0\varepsilon_1}\mathrm{e}^{\mathrm{i}\beta x}\,\mathrm{e}^{k_1 z} \tag{2.11c}$$

$k_i\equiv k_{z,i}(i=1,2)$ 为垂直于两种材料界面方向上的波矢分量，它的倒数值 $\hat{z}=1/|k_z|$，定义为垂直于界面方向上的场衰减长度，用来量化波模式的约束特征。考虑 H_y 和 $\varepsilon_i E_z$ 在界面方向上的连续性，则得出 $A_1=A_2$，并且

$$\frac{k_2}{k_1}=-\frac{\varepsilon_2}{\varepsilon_1} \tag{2.12}$$

根据式 (2.10, 2.11) 中在指数部分符号使用惯例，如果 $\varepsilon_2>0$，传播场在界面表面的约束条件是 $\mathrm{Re}[\varepsilon_1]<0$，则意味着表面波只存在于介电常数的实部符号相反的两种材料界面上，如导体与绝缘体的界面。磁场分量 H_y 的表达式必须满足波动方程式 (2.8c)，即

$$k_1^2=\beta^2-k_0^2\varepsilon_1 \tag{2.13a}$$

$$k_2^2=\beta^2-k_0^2\varepsilon_2 \tag{2.13b}$$

联立上述两个表达式及式 (2.12)，我们得出本节的核心结论，即沿着两个半空间的交界面上传输的表面等离极化激元模式的色散关系如下：

$$\beta = k_0 \sqrt{\frac{\varepsilon_1 \varepsilon_2}{\varepsilon_1 + \varepsilon_2}} \tag{2.14}$$

该表达式对于 ε_1 无论是实数还是复数都是适用的,例如无论是否具有衰减特性的导体。

在深入讨论色散关系式(2.14)的特性之前,我们先简要分析 TE 表面模式的可能性。由式(2.9)可得,各场分量对应的表达式如下:

在 $z > 0$ 区域

$$E_y(z) = A_2 \mathrm{e}^{\mathrm{i}\beta x} \mathrm{e}^{-k_2 z} \tag{2.15a}$$

$$H_x(z) = -\mathrm{i} A_2 \frac{1}{\omega \mu_0} k_2 \mathrm{e}^{\mathrm{i}\beta x} \mathrm{e}^{-k_2 z} \tag{2.15b}$$

$$H_z(z) = A_2 \frac{\beta}{\omega \mu_0} \mathrm{e}^{\mathrm{i}\beta x} \mathrm{e}^{-k_2 z} \tag{2.15c}$$

在 $z < 0$ 区域

$$E_y(z) = A_1 \mathrm{e}^{\mathrm{i}\beta x} \mathrm{e}^{k_1 z} \tag{2.16a}$$

$$H_x(z) = \mathrm{i} A_1 \frac{1}{\omega \mu_0} k_1 \mathrm{e}^{\mathrm{i}\beta x} \mathrm{e}^{k_1 z} \tag{2.16b}$$

$$H_z(z) = A_1 \frac{\beta}{\omega \mu_0} \mathrm{e}^{\mathrm{i}\beta x} \mathrm{e}^{k_1 z} \tag{2.16c}$$

考虑 E_y 和 H_x 在交界面方向上的连续性,则得出

$$A_1(k_1 + k_2) = 0 \tag{2.17}$$

由于表面约束条件的要求 $\mathrm{Re}[k_1] > 0$ 和 $\mathrm{Re}[k_2] > 0$,则只有在 $A_1 = 0$ 时满足条件,同样得出 $A_2 = A_1 = 0$。因此,没有 TE 偏振模式的表面波存在,只存在 TM 模式的表面等离极化激元模式。

我们可以通过观察色散曲线来研究表面等离极化激元的性质。图 2.3 为忽略衰减的金属材料在空气($\varepsilon_2 = 1$)或熔融 SiO_2($\varepsilon_2 = 2.25$)构成的界面处,对应式(2.14)所描绘的色散关系曲线,其中金属材料的特性由实德鲁特介电函数(Drude dielectric function)描述,如式(1.22)。

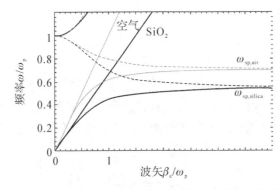

图 2.3　金属材料与空气(灰色曲线)和 SiO_2(黑色曲线)的交界面处的表面等离极化激元的色散关系,其中金属材料具有实德鲁特介电函数,碰撞频率可忽略不计。

图中,频率 ω 归一化为等离子体频率 ω_p,波矢 β 的实部和虚部分别用实线和虚线描绘。由于自身的束缚特性,表面等离极化激元模式的激发分别对应图中位于右侧的直线(空气与 SiO_2)。利用三维入射光束激发表面等离极化激元模式需要特定的相位匹配技术,如光栅或者棱镜耦合,相位匹配技术在第 3 章中会有相关介绍和讨论。如第 1 章所述,当光波频率 $\omega > \omega_p$ 时,光波会辐射进金属层中。在束缚模式和辐射模式区域之间,我们能发现存在一个具有纯虚数波矢 β 的频率带隙,它限止了模式场的传输。

对于低频区(中红外或更低)对应的较小的波矢,表面等离极化激元的传播常数接近于 k_0,波在介质内的扩散深度达到波长的多倍。在上述波段内,表面等离极化激元具有掠入射光场特征(光切向入射),即著名的索末菲尔德-惹奈克波(Sommerfeld-Zenneck waves)[Goubau, 1950]。

当具有较大的波矢,即在高频区域时,表面等离极化激元的频率接近表面等离激元频率:

$$\omega_{sp} = \frac{\omega_p}{\sqrt{1+\varepsilon_2}} \qquad (2.18)$$

上式通过将自由电子介电函数表达式(1.20)代入到式(2.14)中整理即可得到。在导带电子振荡衰减可忽略的极端情况下(即 $\mathrm{Im}[\varepsilon_1(\omega)] = 0$),当频率接近于 ω_{sp} 时,波矢 β 趋近于无穷大,群速度 $v_g \to 0$。该模式具有静电场特性,也就是所谓的表面等离激元。对于图 2.2 中的单一界面结构,我们通过直接求解拉普拉斯方程(Laplace equation)$\nabla^2 \phi = 0$ 得到数值解,ϕ 为电势。上述解为在 x 轴方向上的行波,而在 z 轴方向上呈指数衰减,当 $z > 0$ 时

$$\varphi(z) = A_2 e^{i\beta x} e^{-k_2 z} \qquad (2.19)$$

当 $z < 0$ 时

$$\varphi(z) = A_1 e^{i\beta x} e^{k_1 z} \qquad (2.20)$$

由 $\nabla^2 \phi = 0$ 可得 $k_1 = k_2 = \beta$,即在介质和金属当中的指数衰减长度同为 $|\hat{z}| = 1/k_z$。由 ϕ 和 $\varepsilon \, \partial \phi / \partial z$ 的连续性得出切向场分量和电位移法向分量的连续性,则得到 $A_1 = A_2$ 及

$$\varepsilon_1(\omega) + \varepsilon_2 = 0 \qquad (2.21)$$

对于满足介电函数表达式(1.22)的金属材料,上述条件只有在频率为 ω_{sp} 时才得以满足。比较式(2.21)和式(2.14)可知,表面等离激元确实是表面等离极化激元在 $\beta \to \infty$ 时的极限形式。

上述关于图 2.3 的讨论均针对的是 $\mathrm{Im}[\varepsilon_1] = 0$ 的理想导体,然而实际上,金属材料中导带电子激发受制于自由电子和带间衰减。$\varepsilon_1(\omega)$ 是复数,因而表面等离极化激元的传播常数 β 也是复数。表面等离极化激元行波能量衰减长度(也称为传播长度)为 $L = (2\mathrm{Im}[\beta])^{-1}$,在可见光范围内,长度一般在 $10\ \mu m$ 到 $100\ \mu m$ 之间,具体数值则取决于何种金属/介质组合。

图 2.4 中分别为在 Ag/空气或 Ag/SiO_2 界面处传播的表面等离极化激元的色散关系曲线,其中 Ag 的介电函数 $\varepsilon_1(\omega)$ 来自由 Johnson 和 Christy 获得的数据[Johnson 和 Christy,1972]。

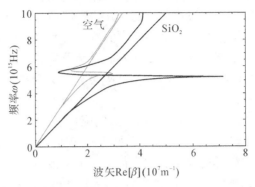

图 2.4 图示分别为在 Ag/空气(灰色曲线)或 Ag/SiO₂(黑色曲线)界面处的表面等离极化激元色散关系曲线。由于衰减,具有约束特性的表面等离极化激元的波矢在表面等离激元频率下达到极限。

与图 2.3 中完全无衰减的表面等离极化激元色散曲线对比,我们可以看出具有约束特性的表面等离极化激元在系统内的表面等离激元频率 ω_{sp} 点接近有限波矢最大值。因为表面等离极化激元在介质中的场强按照 $e^{-|k_z||z|}$ 而衰减$\left(其中, k_z = \sqrt{\beta^2 - \varepsilon_2 \left(\dfrac{\omega}{c}\right)^2}\right)$,上面所述条件同时界定了表面等离激元的波长 $\lambda_{sp} = 2\pi/\text{Re}[\beta]$ 和在界面垂直方向上模式约束程度。同样的,准束缚模式下,与理想导体($\text{Re}[\beta] = 0$,如图 2.3 所示)相比,ω_{sp} 和 ω_p 间的色散关系允许存在泄漏模式部分。

本节结尾举一个传播长度 L 和介质中的能量约束特性(由 $\hat{z}$ 量化)之间关系的实例。色散关系曲线可以很清楚表明其十分依赖于频率变化。当表面等离极化激元频率接近于 ω_{sp} 时,场会被约束在界面的表面附近,随着衰减增加,传播距离减小。根据之前的理论分析,我们发现表面等离极化激元在 Ag/空气界面处,当 $\lambda_0 \approx 450$ nm 时,得到 $L \approx 16$ μm,$\hat{z} = 180$ nm,而在 $\lambda_0 \approx 1.5$ μm 时,$L \approx 1\,080$ μm,$\hat{z} = 2.6$ μm。约束程度越强,传播长度越小。对于等离激元,上述的局域化与损耗之间的平衡关系非常典型。我们注意到当接近 ω_{sp} 点时,介质中的场约束尺度小于衍射极限(半波长)。在金属材料中,场强在从可见光到红外很宽的频段范围内,衰减传播距离大约为 20 nm。

2.3 多层体系中的表面等离极化激元

本节中将重点讨论在包含有交替的导体和介质薄膜的多层体系结构中的表面等离极化激元模式。在这样的体系中,每层不同材料的界面都可以支持束缚的表面等离极化激元。当相邻界面之间的距离接近或者小于界面束缚模式的衰减长度 $\hat{z}$ 时,不同界面上的表面等离极化激元之间会产生耦合作用。为了阐明表面等离极化激元耦合模式的一般性质,我们以图 2.5 中所示的两种三层结构为例进行讨论:

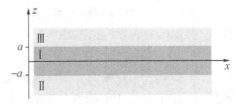

图 2.5 薄金属层(Ⅰ)夹在两层无限大半空间Ⅱ和Ⅲ之间的三明治结构

第一种是薄金属层（Ⅰ）夹在两层（无限大）具有一定厚度的介质包层中（Ⅱ，Ⅲ），形成一个绝缘体/金属/绝缘体（IMI）的异质结构，第二种是薄的介质芯层（Ⅰ）夹在两个金属包层中（Ⅱ，Ⅲ），成为一个金属/绝缘体/金属（MIM）的异质结构。

本文只探讨低阶的束缚模式，因此先利用式(2.8)从垂直于界面的 z 轴方向上，对非振荡的 TM 模式进行一般描述。在 $z>a$ 区域，场分量表达式为

$$H_y = A e^{i\beta x} e^{-k_3 z} \tag{2.22a}$$

$$E_x = iA \frac{1}{\omega \varepsilon_0 \varepsilon_3} k_3 e^{i\beta x} e^{-k_3 z} \tag{2.22b}$$

$$E_z = -A \frac{\beta}{\omega \varepsilon_0 \varepsilon_3} e^{i\beta x} e^{-k_3 z} \tag{2.22c}$$

而在 $z<-a$ 区域，我们得到

$$H_y = B e^{i\beta x} e^{k_2 z} \tag{2.23a}$$

$$E_x = -iB \frac{1}{\omega \varepsilon_0 \varepsilon_2} k_2 e^{i\beta x} e^{k_2 z} \tag{2.23b}$$

$$E_z = -B \frac{\beta}{\omega \varepsilon_0 \varepsilon_2} e^{i\beta x} e^{k_2 z} \tag{2.23c}$$

因此，我们得到在包层（Ⅱ）和包层（Ⅲ）中场量的指数衰减表达式。为简单起见，同前面一样，我们把垂直于界面的波矢定义为 $k_i \equiv k_{z,i}$。

在芯层 $-a<z<a$ 区域内，局域在底层和顶层界面处的模式场发生耦合，即有

$$H_y = C e^{i\beta x} e^{k_1 z} + D e^{i\beta x} e^{-k_1 z} \tag{2.24a}$$

$$E_x = -iC \frac{1}{\omega \varepsilon_0 \varepsilon_1} k_1 e^{i\beta x} e^{k_1 z} + iD \frac{1}{\omega \varepsilon_0 \varepsilon_1} k_1 e^{i\beta x} e^{-k_1 z} \tag{2.24b}$$

$$E_z = C \frac{\beta}{\omega \varepsilon_0 \varepsilon_1} e^{i\beta x} e^{k_1 z} + D \frac{\beta}{\omega \varepsilon_0 \varepsilon_1} e^{i\beta x} e^{-k_1 z} \tag{2.24c}$$

由 H_y 和 E_x 的连续性可得具有四个耦合方程的线性系统。在 $z=a$ 处：

$$A e^{-k_3 a} = C e^{k_1 a} + D e^{-k_1 a} \tag{2.25a}$$

$$\frac{A}{\varepsilon_3} k_3 e^{-k_3 a} = -\frac{C}{\varepsilon_1} k_1 e^{k_1 a} + \frac{D}{\varepsilon_1} k_1 e^{-k_1 a} \tag{2.25b}$$

在 $z=-a$ 处：

$$B e^{-k_2 a} = C e^{-k_1 a} + D e^{k_1 a} \tag{2.26a}$$

$$-\frac{B}{\varepsilon_2} k_2 e^{-k_2 a} = -\frac{C}{\varepsilon_1} k_1 e^{-k_1 a} + \frac{D}{\varepsilon_1} k_1 e^{k_1 a} \tag{2.26b}$$

并且 H_y 还必须进一步满足在三个不同区域内的波动方程式(2.8c)：

$$k_i^2 = \beta^2 - k_0^2 \varepsilon_i \tag{2.27}$$

其中 $i=1,2,3$。通过求解上述的线性方程得到关于 β 与 ω 色散关系的隐性表达式：

$$e^{-4k_1a} = \frac{k_1/\varepsilon_1 + k_2/\varepsilon_2}{k_1/\varepsilon_1 - k_2/\varepsilon_2} \cdot \frac{k_1/\varepsilon_1 + k_3/\varepsilon_3}{k_1/\varepsilon_1 - k_3/\varepsilon_3} \qquad (2.28)$$

我们注意到，当厚度 $a \to \infty$ 时，式(2.28)化简为式(2.12)，成为各自界面上两个非耦合的表面等离极化激元波方程。

我们可以进一步研究一些有意思的特例，如当 $\varepsilon_2 = \varepsilon_3$ 时，衬底(Ⅱ)和覆盖层(Ⅲ)从介电响应看是等价的，因此 $k_2 = k_3$。如上述，色散关系式(2.28)则可以分解为一系列方程：

$$\tanh k_1a = -\frac{k_2\varepsilon_1}{k_1\varepsilon_2} \qquad (2.29a)$$

$$\tanh k_1a = -\frac{k_1\varepsilon_2}{k_2\varepsilon_1} \qquad (2.29b)$$

可以看出，式(2.29a)描述的是奇矢量对称模式($E_x(z)$ 为奇函数，$H_y(z)$，$E_z(z)$ 为偶函数)，式(2.29b)描述的是偶矢量对称模式($E_x(z)$ 为偶函数，$H_y(z)$，$E_z(z)$ 为奇函数)。

色散关系式(2.29a)和式(2.29b)可用来研究 IMI 和 MIM 两种体系中的耦合表面等离极化激元模式性质。在 IMI 三明治结构体系中，厚度为 $2a$ 的金属薄膜夹在两个绝缘层之间，在这种情况下，$\varepsilon_1 = \varepsilon_1(\omega)$ 为金属的介电函数，ε_2 为绝缘衬底和覆盖层的介电常数的正实部。举例来说，图 2.6 为两种不同厚度的 Ag 膜在空气/Ag/空气结构中其奇偶模式(2.29a，2.29b)的色散关系曲线。为简单起见，Ag 的介电函数通过德鲁特模型近似为忽略衰减($\varepsilon(\omega)$ 为实数，形如式(1.22))，因此 $\mathrm{Im}\,[\beta] = 0$。

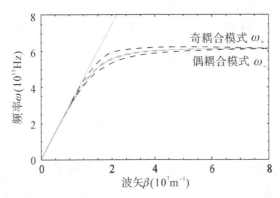

图 2.6　两种不同厚度 100 nm(灰色虚线)和 50 nm(黑色虚线)的金属芯层在空气/Ag/空气结构中其奇耦合模式和偶耦合模式的色散曲线，同时也展现了单一的 Ag 膜/空气界面的色散曲线(灰色曲线)。Ag 的介电函数采用忽略衰减的德鲁特金属模型模拟。

可见，奇耦合模式的频率 ω_+ 高于单界面表面等离极化激元的对应频率，而偶耦合模式的频率 ω_- 低于上述对应频率。对于大的波矢 β(只有当 $\mathrm{Im}\,[\varepsilon(\omega)] = 0$ 时成立)，截止频率为

$$\omega_+ = \frac{\omega_{\mathrm{p}}}{\sqrt{1+\varepsilon_2}}\sqrt{1+\frac{2\varepsilon_2 e^{-2\beta a}}{1+\varepsilon_2}} \qquad (2.30a)$$

$$\omega_- = \frac{\omega_{\mathrm{p}}}{\sqrt{1+\varepsilon_2}}\sqrt{1-\frac{2\varepsilon_2 e^{-2\beta a}}{1+\varepsilon_2}} \qquad (2.30b)$$

奇耦合模式表现出有意思的特性，即随着金属膜厚度的减小，金属膜对耦合等离极

化激元波的限制作用减弱,直到该模式变为均匀电介质中的平面波;而实际上,金属有吸收性,所以介电常数为复介电常数 $\varepsilon(\omega)$,这意味着等离极化激元的传播长度会急剧减小[Sarid, 1981],而长程的等离极化激元波会在第 7 章中进一步讨论。偶耦合模式则呈现出相反的特性,即金属对其限制作用会随着金属膜层厚度的减小而增大,从而导致传播长度的减小。

考虑 MIM 结构,我们设 $\varepsilon_2=\varepsilon_2(\omega)$ 为金属层的介电函数,ε_1 为绝缘芯层的介电常数(2.29a, 2.29b);从能量限制的角度来考虑,最有意思的模式为奇基模,对于芯层不存在截止厚度[Prade et al., 1991]。图 2.7 显示的是在一个 Ag/空气/Ag 的异质结构中这种模式的色散关系曲线。此时介电函数 $\varepsilon(\omega)$ 为复数,根据 Johnson 和 Christy 测量得到的 Ag 的介电性质数据[Johnson 和 Christy, 1972]拟合得到。因此,对于传播在单界面的表面等离极化激元模式,当趋近于表面等离激元频率点时,β 并不趋近于无穷大,而是折回,最终与图中的直线相交。

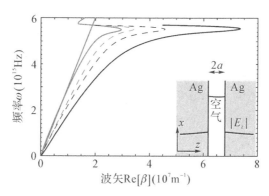

图 2.7　在一个 Ag/空气/Ag 的异质结构中,耦合的表面等离激元,其中空气芯层尺寸分别为 100 nm(灰色虚线),50 nm(黑色虚线)和 25 nm(黑色曲线)。同时也绘出了在单一 Ag 膜/空气界面的表面等离极化激元的色散曲线(灰色曲线)和空气中光线的传输(灰色直线)。

假设选择的介质芯层的宽度足够小,在频率低于 ω_{sp} 的激发态下,很显然可以获得大的传播常数 β。通过调节结构的几何尺寸从而获得大的波矢和小的金属层渗透深度 $\hat{z}_2$,表明单一界面的局域化效应只能在频率 ω_{sp} 附近激发处维持,对于这样的 MIM 结构可以直到近红外波段实现激发。对于其他各类 MIM 结构,例如同轴壳层结构,得到的结果类似[Takahara et al., 1997]。相对简单易于制备的可调控的几何结构,如在平坦的金属表面刻蚀的三角形 V 槽在波导方面就展示出巨大潜力,相关论述参见本书第 7 章。

本章节仅对三层结构中耦合表面等离极化激元的束缚基模进行讨论,并探究其在波导和电磁能量约束方面的应用。然而,实际上在上述三层结构中存在的模式比所要讨论的要丰富得多。举例来说,在 IMI 结构中,我们忽略了泄漏模式的讨论,而在 MIM 结构中,当介质芯层足够厚时,其间存在振荡模式。另外,当衬底和覆盖层的介电常数不同时,在两个芯层/包层界面处的耦合表面等离极化激元显著改变,所以 $\varepsilon_2 \neq \varepsilon_3$,会阻止在两个界面处模式的相位匹配。相关详细论述可以参阅[Economou, 1969, Burke 和 Stegeman, 1986, Prade et al., 1991]。

2.4　能量约束和有效模式长度

第 5 章将会讨论金属纳米颗粒中的局域表面等离激元,即电磁能量可以被限制或者压缩在体积小于衍射极限量级的空间$(\lambda_0/2n)^3$内,其中 $n=\sqrt{\varepsilon}$ 为周围介质的折射率。这种强约束作用导致了附加的场增强,在等离激元学中至关重要,在光学传感中会有大量潜在应用,详见第 9 章。本质上一维的单层和多层界面都能够支持上述的表面等离极化激元的传播,在垂直于界面方向上,能量局域化的程度低于衍射极限也是可能的。我们已经察觉类似现象中介质层中的场衰减长度 $\hat{z}$ 会比 λ_0/n 小很多。

然而,在量化能量约束时,我们仍需谨慎,因为在界面介质层中的亚波长场衰减长度 $\hat{z}$ 表明表面等离极化激元模式的绝大部分电场能量都处于金属层之中。当计算电场能量密度的空间分布时,必须将这部分能量利用式(1.38)进行分析,因为对于量化光与物质(如一个分子放到光场里)之间相互作用强度而言,单位能量(即单个光子)的电场强度是很重要的。

以 Au/空气/Au 的 MIM 异质结构为例,图 2.8(a)的曲线展示了自由空间中入射波长 $\lambda_0=850$ nm 时,随间隙尺寸变化,对应激发的表面等离极化激元基模的传播常数 β 的实部与虚部的变化,计算中 Au 的介电函数利用德鲁特模型拟合[Johnson 和 Christy, 1972, Ordal et al., 1983]。实部和虚部都随着间隙尺寸的减小而增大,因为该模式趋近于电等离子体特性,存在于金属半空间中的电磁场能量不断增加。图 2.8(b)为表面等离极化激元激发时,在入射波长 $\lambda_0=600$ nm,850 nm,1.5 μm,10 μm 和 100 μm$(=3$ THz)情况下存在于金属中的电场能量比例曲线。以间隙为 20 nm 为例,在波长 $\lambda_0=850$ nm 时,这部分能达到能量的 40%。注意此间隙尺寸利用各自自由空间波长进行归一化。很显然,随着 Au/空气界面处场局域化增强,无论是通过小的间隙尺寸还是接近于 ω_{sp} 的频率激发,电磁场能量都会向金属区域转移。

为了更好的分析减少介质间隙尺寸对实现增加金属包层中部分模式能量的影响,我们可以定义一个类似于微腔量子电动力学中用来量化光-物质相互作用强度的有效模式体积 V_{eff} 的量,即有效模式长度 L_{eff}:

$$L_{eff}(z_0)u_{eff}(z_0) = \int u_{eff}(z)\mathrm{d}z \tag{2.31}$$

$u_{eff}(z_0)$ 代表的是空气芯层 z_0 处(例如发射点的坐标)电场能量密度的函数。在一维图形中,有效模式长度为工作位置处 SPP 模式全部能量与能量密度(单位长度的能量)的比值,这也经常被认为是最强场位置。在一个总能量归一化的量化图形中,有效模式长度的倒数即单个表面等离极化激元激发的场强度,详细内容参见[Maier, 2006b]。

MIM 结构有效模长度的测量验证了空气间隙中每个表面等离极化激元激发时电场强度随间隙尺寸变化。图 2.8(c)为 $\bar{L}_{eff}$(以真空中波长 λ_0 进行归一化)随着间隙尺寸的变化曲线。z_0 为空气/金属边界空气一侧的位置,即电场强度最大的位置;模式长度可以降低到 $\lambda_0/2$ 以下,这证明在光的衍射极限以下等离激元金属结构可以像维持物理模式长度一样维持有效模式长度。$\bar{L}_{eff}$ 随间隙尺寸的变化趋向于空气间隙的实际物理尺寸。对于大的归一化间隙尺寸和低激发频率,由于表面等离激元的非局域特性,对于相同的归一化间隙尺寸而言,越接近表面等离激元频率 ω_{sp} 点时,激发模式长度就越小。

当间隙尺寸减小到一定程度时,表面等离极化激元模式的色散曲线开始反转(图 2.7)并且能量开始进入金属半空间,模式长度的持续减少是由于金属/空气交界面处场局域化程度的增加。在这种条件下,对于相同归一化的间隙尺寸,低频率的激发比接近共振频率点时的激发具有更小的模式长度,这是由于后一种情况下更多的能量存在于金属中。我们注意到对于很小的间隙 $2a < 2$ nm,局域场效应会由于未屏蔽的表面电子变得突出[Larkin et al.,2004],这会导致 L_{eff} 进一步减小。利用介电函数方法无法实现这一点。

总结一下,我们看到尽管表面等离极化激元模式的很大一部分能量渗透入导体中(在频率 ω_{sp} 附近的激发或者小间隙结构),但相对大的传播常数 β 保证了垂直于界面处的模式有效长度降低到衍射极限以下。

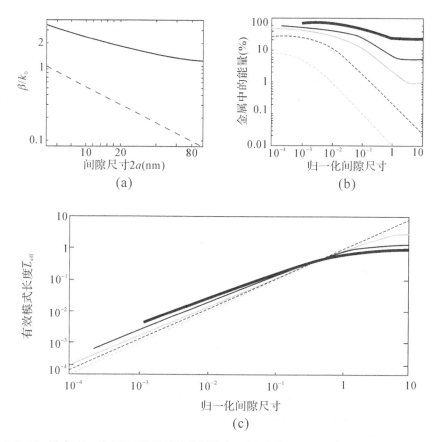

图 2.8　Au/空气/Au 的 MIM 异质结的能量约束。(a)曲线展示了入射波长 $\lambda_0 = 850$ nm 时,随间隙尺寸变化,对应激发的表面等离极化激元基模的传播常数 β 的实部(实线)与虚部(虚线)的变化。(b)为表面等离极化激元激发时,入射波长为 $\lambda_0 = 600$ nm(最粗的实线),850 nm(黑色实线),1.5 μm(灰色实线),10 μm(黑色虚线)和 100 μm(灰色虚线)情况下,金属半空间内部的电场能量部分与归一化的间隙大小的关系图。(c)有效模式长度 $\bar{L}_{eff}$(以真空中波长 λ_0 进行归一化)随着间隙尺寸的变化曲线。

第 3 章 二维界面上表面等离极化激元的激发方式

在导体和介质的二维界面上传播的表面等离极化激元本质上是一种二维电磁波。由于表面等离极化激元的传播常数 β 大于光在介质中的波矢 k，所以其被束缚在界面附近，而且在传播时会在界面两侧发生衰减。表面等离极化激元色散曲线位于介质中光色散曲线的右侧（$\omega = ck$），除非采用特殊的相位匹配技术，否则普通的三维光束无法激发表面等离极化激元。另外一种选择是利用类似绝缘体/金属/绝缘体异质结构的薄膜进行端面耦合，能够支持较弱束缚的表面等离激元传输，这种方式依赖于空间模式匹配而不是相位匹配。

本章主要回顾一下最常见的几种表面等离极化激元的激发方式，除了讨论带电粒子激发之外，也介绍了多种光激发方式，例如棱镜耦合、光栅耦合和强聚焦光束激发。利用亚波长孔临近区的倏逝波，基于近场辐射也可以获得大于 $|k|$ 的波矢。本章简单介绍利用光纤锥或端面激发耦合原理在纳米颗粒波导和多层结构中激发表面等离极化激元的方式，这可以使表面等离极化激元与典型介质波导中的模式发生耦合。金属纳米结构上的局域等离激元的激发方式和研究方法，如纳米材料的显微成像和阴极荧光光谱等将在第 10 章中有所介绍。

3.1 带电粒子轰击下的表面等离极化激元激发

表面等离激元是非传播的、准静态的表面电磁模式，特征频率为式（2.21）所描述的 ω_{sp}，Ritchie 在金属薄膜上低能电子束衍射衰减能谱的研究中对其进行了理论分析 [Ritchie, 1957]。除了固有能量为 $\hbar\omega_p$ 的体等离激元激发之外，这个研究还预测到另外一个更低能量为 $\hbar\omega_p/\sqrt{2}$ 处的衰减，即低位能量损失（low-lying energy loss）。金属薄膜上电子衍射的损失谱通常用来激发纵向体等离激元。Powell 和 Swan 在 Mg 和 Al 的电子衰减能谱中观察到额外的谱峰（如图 3.1）[Powell 和 Swan，1960]。在金属薄膜氧化的过程中，衰减谱峰向低能量端移动，表明其与表面等离极化激元的激发位置有关，实验过程中激发位置由金属/空气界面转向金属/氧化物界面。

在能量为 $\hbar\omega_p/\sqrt{2}$ 处的衰减峰证实了先前 Ritchie 预测的其是由于金属/空气界面存在表面激发引起的，这与前面章节中描述的表面等离激元激发对应。基于电子衰减能谱的表面等离激元波的理论研究确定特征频率为 $\omega_{sp} = \dfrac{\omega_p}{\sqrt{1+\varepsilon}}$，与金属薄膜上的涂覆介质有关（解释了氧化层的影响），耦合模式的奇偶性概率和式（2.29）相似，由金属薄膜支持传输[Stern 和 Ferrell，1960]。

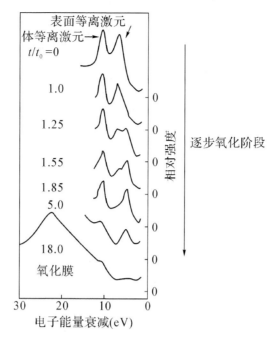

图 3.1　**Mg 薄膜氧化过程中的电子能量衰减谱。经允许转载于[Powell 和 Swan, 1960]。美国物理学会 1960 年版权。**

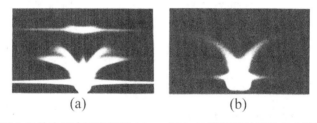

图 3.2　**利用 75 keV 的电子束垂直照射 16 nm 厚度 Al 膜的透射能量衰减谱获得的表面等离极化激元的色散图。(a) 曝光时间 15 分钟，(b) 曝光时间 3 分钟。经允许转载于[Pettit et al. , 1975]。美国物理学会 1975 年版权。**

由于低能电子衍射实验只能探测能量在 $\hbar\omega_p$ 附近的表面等离激元激发，因此，针对快速透过金属薄膜的电子，只要入射电子束的发散角足够小，通过分析其电子能量和动量的改变，就能全面研究表面等离极化激元的色散关系。早期的研究使用这种方法分析了包括高于 ω_p 的辐射部分的表面等离极化激元的色散关系[Vincent 和 Silcox, 1973, Pettit et al. , 1975]。例如，Pettit 与合作者将能量为 75 keV 的电子束透过 Al_2O_3 膜论证了表面等离极化激元模式可分成奇偶两个模式，利用维恩滤波光谱仪（Wien filter spectrometer）直接得到了上述的色散关系图，如图 3.2 所示。中心亮点对应未偏转的电子，两端水平线对应体等离激元激发（上部）和声子与弹性散射（下部）。另外，高频模式 ω_+ 和低频模式 ω_- 的色散特性也清晰可见，与图 3.3 所示的薄膜的色散特性理论非常吻合。

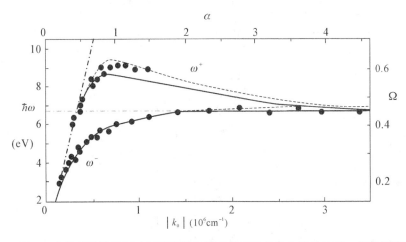

图 3.3　图 3.2 中的实验数据(点)与两种耦合模式的理论色散曲线的比较。相关的理论分析见图 2.6。相关的计算中，Al 膜被假定嵌入在非定型的 Al₂O₃(虚线)或者 α 相的 Al₂O₃(实线)。经允许转载于[Pettit et al.，1975]。美国物理学会 1975 年版权。

3.2　棱镜耦合

由于金属与介质的二维界面上的表面等离极化激元的传播常数 β 大于光在介质交界面上的波矢量 k，所以表面等离极化激元不能由光束直接激发。因此，以 θ 角入射的光波矢量在平行界面上的投影分量 $k_x = k\sin\theta$ 总小于表面等离极化激元的传播常数 β，这一现象甚至可以推广到掠入射的光束，无法实现相位匹配。注意到，我们在讨论式(2.14)描述的表面等离极化激元色散曲线位于介质中光锥的外侧时，已经描述了这个现象。

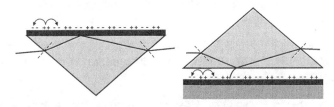

图 3.4　在克雷奇曼结构(Kretschmann configuration)(左)和奥托结构(Otto configuration)(右)中利用衰减全内反射激发表面等离极化激元。图中标出了激发的可能光路。

然而，在一个由两层不同介电常数的介质层夹着一层金属膜的三层结构中，可以实现表面等离极化激元的波矢匹配。为简单起见，我们把其中一个绝缘层设为空气($\varepsilon = 1$)。光束在高介电常数的绝缘体，通常为棱镜(如图 3.4 所示)，与金属的界面发生反射时，足够激发位于金属与低介电常数界面的表面等离极化激元，即金属与空气界面上的表面等离极化激元，其中金属的面内动量为 $k_x = k\sqrt{\varepsilon}\sin\theta$。满足上述条件的话，如图 3.5 所示，在空气和高介电常数介质界面区域，入射光可以激发传播常数为 β 的表面等离极化激元。然而，棱镜与金属界面上的表面等离极化激元的相位匹配不能满足，因为此处的表面等离极化激元的色散曲线位于棱镜的光锥外侧。

上述的耦合机制也被称为衰减全内反射(attenuated total internal reflection)，因此涉及在发生表面等离极化激元激发的金属/空气界面处电场的隧道效应。如图 3.4 所示,棱镜耦合的结构包括两种。最普遍的一种结构是克雷奇曼结构[Kretschmann 和 Raether,1968]:即在棱镜顶部蒸镀一层金属膜。在这种结构中,光束以大于全内反射临界角的方向从棱镜一侧入射,光子隧穿金属薄膜,在金属/空气界面上激发表面等离极化激元。另一种类似的结构是奥托结构[Otto,1968]:棱镜与金属薄膜之间存在窄的空气缝隙,在空气与棱镜的界面发生全内发射,部分光子隧穿到空气与金属的界面激发表面等离极化激元。在非接触测量情况下,如研究金属薄膜的表面质量时,奥托结构具有优势。

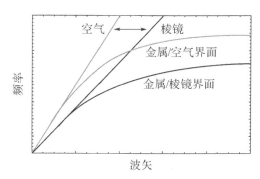

图 3.5　棱镜耦合和表面等离极化激元色散曲线。只有传播常数在空气和棱镜(通常是玻璃)中光的传播常数之间,才能激发表面等离极化激元。由于泄漏模式进入到棱镜中,将会产生额外的表面等离极化激元衰减:被激发的表面等离极化激元的色散曲线在棱镜的光锥区域内。

需要强调的是在利用相位匹配技术,即 $\beta=k\sqrt{\varepsilon}\sin\theta$ 激发的表面等离极化激元本质上是泄漏波(leaky waves),换言之,能量损失不仅源自金属内的本征吸收,还由于部分能量辐射泄漏到棱镜中:表面等离极化激元的色散曲线位于棱镜的光锥之内(如图 3.5 所示)。由于泄漏辐射与激发光束的反射部分之间的相消干涉,反射光强度达到最小。对于优化膜厚的金属膜,相消干涉的效果最为明显,反射光强度可为零,以致泄漏辐射不可能被探测到。

基于菲涅尔方程(Fresnel equations)的光学系统的分析[Kretschmann,1971, Raether,1988],如果由于辐射泄漏引起的衰减系数 Γ_{LR} 等于由吸收引起的衰减系数 Γ_{abs} (临界耦合),此时为最优膜厚情况。$\Gamma_{abs}=\mathrm{Im}[\beta_0]$ 中,β_0 为由式(2.14)式计算得到的单一界面的表面等离极元传播常数。对于一个介电函数为 $\varepsilon_1(\omega)$ 的金属层,当 $\varepsilon_1(\omega)$ 满足 $|\mathrm{Re}[\varepsilon_1]|\gg1$ 和 $|\mathrm{Im}[\varepsilon_1]|\ll|\mathrm{Re}[\varepsilon_1]|$ 时,金属层的反射系数可通过洛仑兹函数近似来获得:

$$R=1-\frac{4\Gamma_{LR}\Gamma_{abs}}{[\beta-(\beta_0+\Delta\beta)]^2+(\Gamma_{LR}+\Gamma_{abs})^2} \tag{3.1}$$

很明显棱镜/金属/空气体系的表面等离极化激元传播常数 β 是由单层界面的 β_0 值偏移了 $|\mathrm{Re}[\Delta\beta]|$,而虚部 $\mathrm{Im}[\Delta\beta]\equiv\Gamma_{LK}$ 描述了总损耗中的辐射衰减部分。$\Delta\beta$ 可通过菲涅尔反射系数的计算得到,与金属薄膜的厚度有关[Kretschmann,1971,Raether,1988]。

棱镜耦合机制也适合 MIM 或者 IMI 三层体系中的耦合表面等离极化激元模式的激发。利用合适的折射率匹配油,在与棱镜接触的油/Ag/SiO$_2$ 和油/Al/SiO$_2$ 的 IMI 结构中,长程的高频模式 ω_+ 和具有更高衰减的低频模式 ω_- 均可以被激发[Quail et al.,

1983]。对于长程模式,与单个界面的非耦合模式相比,最小反射的角度范围会减小一个量级,且已经得到证实。共振特性的锐化与金属膜中的能量减小有关,进而造成了耦合表面等离极化激元衰减的减小。

3.3　光栅耦合

表面等离极化激元的传播常数 β 与介质中的光的平面波矢 $k_x = k\sin\theta$ 之间的不匹配,同样可以通过在金属表面制作光栅常数为 a 的凹槽或孔洞浅栅来解决。对于最简单的一维凹槽光栅,如图 3.6 所示,只要满足:

$$\beta = k\sin\theta \pm vg \tag{3.2}$$

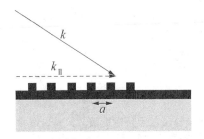

图 3.6　利用光栅实现波矢匹配激发表面等离极化激元

就能实现波矢匹配,其中 $g = \dfrac{2\pi}{a}$,表示周期为 a 的光栅的倒格子矢量大小,$v = (1, 2, 3, \cdots)$。和棱镜耦合一样,当检测到反射光中出现最小值时说明激发产生了表面等离极化激元。

相反过程也可能发生:受光栅调制的沿表面传播的表面等离极化激元能够与光耦合并产生辐射。光栅不需要在金属表面直接刻蚀,也可以包含介质材料。例如,Park 和他的同事论证了深度仅几纳米的介质光栅表面等离极化激元的外耦合效率约为 50%[Park et al., 2003]。Offerhaus 等人利用非共轴相位匹配设计不同形状的光栅,可以改变表面等离极化激元的传播方向,甚至可以实现聚焦[Offerhaus et al., 2005]。关于通过调制型表面结构来对表面等离极化激元传播进行调控的研究将在本书的第 7 章波导中详细介绍。

作为一个通过光栅来激发和解耦表面等离极化激元的例子,图 3.7 展示了金属薄膜平面上的两个亚波长孔洞阵列的扫描电子显微镜(SEM)图像[Devaux et al., 2003]。图中右边的小阵列通过垂直入射光束激发表面等离极化激元,而左边的大阵列用来将表面等离极化激元传输解耦为连续的光辐射。相位匹配时的波长可以由垂直入射的透射光谱得到,本例中,由于表面等离极化激元模式是在金属/空气界面激发的,所以在 $\lambda = 815$ nm 处产生一个峰值。图 3.8 为表面等离极化激元的激发与检测区域的近场光学图像,其传输图像也在图中给出。两阵列之间的条纹代表传播中的表面等离极化激元,我们可以看出由于左边解耦的孔洞阵列的作用,场强快速衰减。

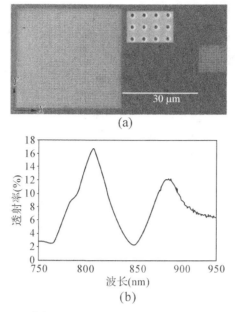

图 3.7　(a)周期为 760 nm,直径为 250 nm,相隔 30 μm 的两个微孔洞阵列的 SEM 图。左边用于激发表面等离极化激元,右边用于检测表面等离极化激元。(b)垂直入射白光的透射光谱。

　　对于一维光栅,当光栅足够深以至于调制度不能再被看做二维界面上的微扰动时,表面等离极化激元的色散关系将有显著改变。当金属光栅的凹槽深度近似为 20 nm 时,就会出现一定的带隙。对于更大的光栅凹槽深度,在凹槽内的局域模式导致布里渊区边界的第一高阶能带的折叠,这使得在垂直入射条件下,由于修正的表面等离极化激元色散曲线的频率下降,对于光栅常数 $a<\lambda/2$ 的情况,耦合效应依然存在。以上方面更详细的研究请参考 Hooper 和 Sambles 的研究[Hooper 和 Sambles,2002]。表面结构对表面等离极化激元的色散特性的影响将在第 6 章的低频表面等离极化激元部分深入阐述。

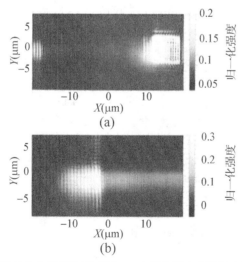

图 3.8 (a)当入射激光聚焦在右侧小阵列时图 3.7 中所示图案的近场光学图像,入射激光的电场在 x 方向极化;(b)为图像(a)的细节展示,表面等离极化激元的传输及位于左侧的输出耦合阵列边缘。选择入射光波长为 800 nm,是为了与图 3.7 中空气一侧的透射峰一致。

更加普遍的情况是,表面等离极化激元也可以在存在随机粗糙度或人工局部光散射结构的薄膜表面激发。表面光散射的动量分量 Δk_x,满足相位匹配条件:

$$\beta = k\sin\theta \pm \Delta k_x \qquad (3.3)$$

耦合效率可以通过测量位于金属膜下进入玻璃棱镜的泄漏辐射来估计,为此,Ditlbacher和同事验证了利用垂直入射光照射表面有一些突起的平坦薄膜来实现表面等离极化激元的传输[Ditlbacher et al.,2002a]。由于与光辐射发生耦合,式(3.3)表示随机的表面粗糙度也构成了表面等离极化激元传输过程中的一个额外衰减渠道。

3.4　利用强聚焦光束实现激发

3.2节中描述了传统棱镜耦合技术,将其延伸,具有较高数值孔径的显微物镜也可用于激发表面等离极化激元,图3.9是实现上述想法的一个典型装置[Bouhelier 和 Wiederrecht,2005]。浸油物镜通过一层折射率匹配的油膜与玻璃基底(折射率为 n)接触,玻璃基底另一侧是金属薄膜。高数值孔径的物镜能为聚焦激发光束提供一个足够大的发散角,包含 $\theta > \theta_c$,θ_c 为玻璃/空气界面发生全内反射时的临界角。

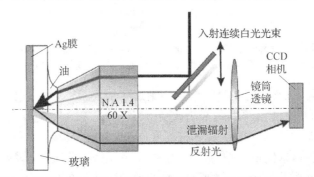

图 3.9　用连续白光激发表面等离极化激元的装置图,图中利用折射率匹配的油镜通过检测泄漏辐射观察表面等离极化激元的激发。经允许转载于[**Bouhelier 和 Wiederrecht,2005**]。美国光学学会2005年版权。

在这种耦合方式下,金属/空气界面激发的表面等离极化激元的波矢匹配条件 $k_x = \beta$ 在相应角度 $\theta_{spp} = \arcsin(\beta/nk_0) > \theta_c$ 时得到满足。离轴入射时,通过聚焦物镜可以进一步确保激发光强分布在 θ_{spp} 附近,这就显著减少了直接透射和反射的光。强聚焦光束也可用来在衍射极限光斑内实现局域激发。

受激产生的表面等离极化激元也能够以泄漏辐射的方式,在角 $\theta_{spp} > \theta_c$ 时辐射回玻璃基底,而且通过油膜由物镜收集。图3.10展示了由连续白光激发的表面等离极化激元的泄漏辐射图像和受激的表面等离极化激元的传输路径(只存在 TM 偏振模式),泄漏辐射的光的强度与表面等离极化激元的自身强度成比例。这种方案对激发在不同频率处的连续的表面等离极化激元和随后对其传输距离的测量很方便。

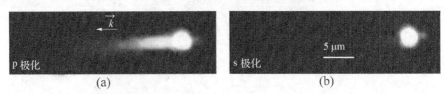

图 3.10　(a)TM 偏振的连续白光激发的表面等离极化激元的泄漏辐射光强度分布。(b)TE 偏振光激发观察不到表面等离极化激元。经允许转载于[**Bouhelier 和 Wiederrecht,2005**]。美国光学学会2005年版权。

3.5　近场激发

在棱镜或光栅耦合这些激发方案中,表面等离极化激元都是在与入射光波长 λ_0 可比拟(最多达到衍射极限)的宏观区域内激发产生。相反地,近场光学显微技术能够使表面等离极化激元在一个很小的区域($a \ll \lambda_0$)内局部激发,而且能作为一个表面等离极化激元的点源。如图 3.11 所示,一个尺寸为 $a \leqslant \lambda_{spp} \leqslant \lambda_0$ 的针尖在近场范围内照射金属膜表面,由于探针孔径尺寸很小,从针尖发出的光包含波矢分量 $k \geqslant \beta \geqslant k_0$,这样能够实现传播常数为 β 的表面等离极化激元的相位匹配激发。由于近场扫描光学显微镜的针尖能够横向自由移动,所以能在金属表面不同的位置激发表面等离极化激元。

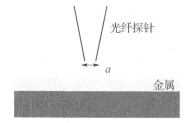

图 3.11　亚波长孔径探针近场照射条件下的表面等离极化激元局部激发。

图 3.12 是一种典型的适合局部表面等离极化激元激发的近场光学装置。从照射点处传播出的表面等离极化激元的图像可以在之前定义的角度 θ_{spp} 下,通过收集进入折射率为 n 的玻璃基底的泄漏辐射得到。所谓禁戒光(forbidden light)[Hecht et al., 1996]源于其辐射出空气光锥。上述辐射可以通过合适的反射镜排列收集,或者通过高数值孔径的聚焦物镜收集。

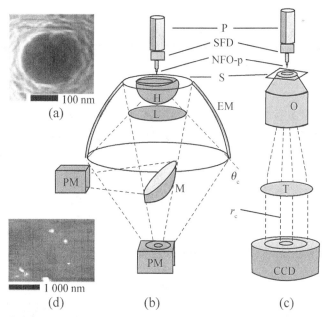

图 3.12　表面等离极化激元的近场光学激发。(a)为近场光纤探针孔的 SEM 图像,(b)和(c)为表面等离极化激元的激发装置和远场光辐射进入基底的收集装置。(d)作为样品的 Ag 膜的表面形态图(粗糙度 1 nm,突出物高度为 40 nm)。更多关于此装置的细节可以在[Hecht et al., 1996]中找到。经允许转载于[Hecht et al., 1996]。美国物理学会 1996 年版权。

　　图 3.13 为表面等离极化激元从局部照射区域向外传播的两个典型图像,由于表面等离极化激元可以看做是一种角频率接近 ω_{sp} 的纵向表面电磁波,所以两个光喷射轨迹从照射点发出的方向为电场的极化方向。表面等离极化激元的强度变化满足:

$$\boldsymbol{I}_{\mathrm{SPP}} \propto \frac{\mathrm{e}^{-\rho/L}}{\rho} \cos^2 \phi \tag{3.4}$$

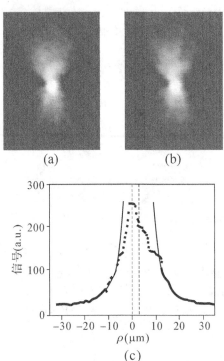

图 3.13　激发光波长为 633 nm 时的表面等离极化激元的空间强度分布,(a)、(b)为远场收集到的大小为 50 μm×70 μm 图像,对应于激发的近场探针在不同位置。(c)为沿着光斑主对称轴穿过强度剖面的横截面以及利用式(3.4)得到的分析拟合结果。经允许转载于[Hecht et al., 1996]。美国物理学会 1996 年版权。

　　其中,ρ 和 ϕ 为极坐标,L 为传播的表面等离极化激元强度衰减常数,正如我们所预计的,表面等离极化激元的强度分布和二维点偶极子的衰减辐射的强度分布类似。

　　利用这种局域激发方案,在高空间分辨率下,可以研究表面粗糙度对表面等离极化激元传播的影响以及单个表面缺陷的散射。除了可以激发传播的表面等离极化激元,近场照射也可以激发单个金属纳米结构的局域表面等离激元模式,并对其进行光谱分析,这将在第 10 章讨论。

3.6　适用于与传统光子元件集成的耦合方案

　　虽然前面描述的光学激发方案适合于表面等离极化激元传播和等离激元功能结构的概念验证研究,但表面等离极化激元在光子集成电路中的实际应用则需要高效率(以及理想的宽带宽)的耦合方案。最好是等离激元元件能与传统介质光波导和光纤有效匹配,这种情况下这些光波导被用于向等离激元波导和腔远距离地传输能量,后者则可实现强约束导波和局域场增强[Maier et al.,2001],例如向单分子定向辐射。

端面耦合就是这样一种耦合方案,即自由空间中光束集中照射在理想波导的端面。这种方案通过调节波束宽度尽可能与波导的空间场分布匹配来实现,而不是依赖相位匹配。Stegeman 等人利用这种技术,实现表面等离极化激元在单界面上传播的耦合效率高达 90%[Stegeman et al.,1983]。不同于棱镜耦合,端面激励能对真正的束缚模式进行激励,即不辐射进入基底。端面耦合对于激发嵌入在对称介质中金属薄膜的长程表面等离极化激元模式也是特别有用并有效的。由于这种模式的非局域化特性(参看第 2、7章),空间模式匹配效果特别好。然而,对于能在衍射极限下存在局域场的结构,如具有深度亚波长电介质芯层的金属/绝缘体/金属波导结构,由于激发光束与耦合的表面等离极化激元模式之间的重叠太小,导致激发效率很低。

对于强约束的表面等离极化激元(SPP),简单的接口方案就是将光纤锥体放在紧邻波导的位置使相位匹配能量通过倏逝耦合传递[Maier et al.,2004]。图 3.14 展示了能量穿过 Si 薄膜上金属纳米颗粒波导和光纤锥体构成的耦合区域时的透射率与光波长的关系。波长为 1 590 nm 时,在光纤末端检测到的能量下降,是由于能量传递给了等离激元波导,耦合效率约为 75%[Maier et al.,2005]。关于这种特别的光纤可进入的(fiber-accessible)等离激元波导的更多细节将在第 7 章介绍。

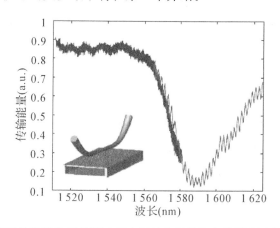

图 3.14　利用光纤锥体激发在 Si 薄膜上的金属纳米颗粒等离激元波导中传输的表面等离极化激元(内嵌图)。传输光谱表示能量透射通过光纤锥穿过耦合区域,证明了由于相位匹配,波长为 1 590 nm 时能量传递效率为 75%。经允许转载于[Maier et al.,2005]。美国物理联合会 2005 年版权。

第 4 章　表面等离极化激元
传输成像技术

在了解了表面等离极化激元的光学激发的各种方法之后,我们转而讨论约束场及其沿界面传播的成像方式。利用光学技术如棱镜耦合或光栅耦合对表面等离极化激元的有效激发,可通过反射光束强度的减小得到(第 3 章),这种远离激发区域的表面等离极化激元传播的直接可视化是非常满足需要的。利用这种方式,传播长度 L 能够被确定,L 受到金属内部吸收和泄漏辐射量的影响。另外,我们也能够评估平面内约束场。平面外约束场的探测可以确定 $\hat{z}$ 值,是指倏逝场渗透进界面介质内的范围。在之前的讨论中,我们已经提过传播长度和约束范围之间的基本权衡,这在等离激元波导设计中非常重要(第 7 章)。

本章重点讨论了四种表面等离极化激元的成像方法——近场光学显微镜成像、基于荧光或者泄漏辐射探测的成像以及基于散射光观测的成像。在这四种技术中,只有近场光学显微技术能提供亚波长分辨率,对于在 ω_{sp} 附近或者在匹配多层结构中的高度空间局域化的表面等离极化激元激发而言,这种分辨率能够准确确定其损耗/约束率。阴极荧光成像将在第 10 章关于局域等离激元光谱中进行讨论。

4.1　近场光学显微技术

收集模式下的近场光学显微技术非常有助于观测金属薄膜/空气界面处的表面等离极化激元的传播,其分辨率为亚波长,这种技术也称为光子扫描隧道显微镜(photon scanning tunneling microscopy)技术,与典型的扫描隧道显微镜(scanning tunneling microscope,STM)具有类似性。在应用中,两者都会利用锐利的针尖紧密靠近待研究的表面区域,测量线路一般采用匹配的反馈环路技术(图 4.1)。扫描隧道显微镜测量的是在施加电压的条件下界面和原子尺度金属针尖之间的隧穿电流,而光子扫描隧道显微通过将表面上的倏逝近场耦合至锥形光纤内形成传播模式来收集光子。近场光学尖端(也叫探针)通常通过拉伸或刻蚀一根光纤来实现,为了抑制衍射光场的耦合,其末端通常需要进行金属化。这项技术的分辨率受针尖孔径的限制,孔径尺度一般为 50 nm,采用刻蚀(或最新的微加工技术)后其尺度可以更小。除了涂覆金属的探针以外,非金属化探针也经常被应用,比涂覆导电层的探针具有更高的收集效率,且可对纳米结构附近的不同电磁场分量实现成像[Dereux et al. ,2001]。

为了研究上述方法中的表面等离极化激元的约束和传播,探针与平坦的金属表面必须足够近,以使其可进入表面等离极化激元倏逝场,距离 $\hat{z}$ 可利用式(2.12)计算而得。

为了研究可见光频段下的 Au 或 Ag 膜,探针与金属膜之间的距离需要一个大约为 100 nm或者更小的间隙,这通过反馈技术能够容易地实现,比如非接触模式原子力显微镜,剪切或调整力反馈,或通过收集光场本身的强度作为反馈信号(类似于扫描隧道显微镜,通过隧道电流与收集电子的数目成正比来达到此种目的)。

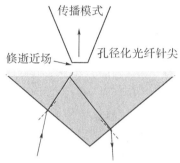

　　图 4.1　在金属/空气界面,一种典型的表面等离极化激元场的近场光学成像的装置。渗透到空气中的场的倏逝尾部(the evanescent tail)与锥形光纤针尖的传播模式耦合。表面等离极化激元可以作为通过棱镜耦合激发的例子,紧聚焦光束,或颗粒碰撞。

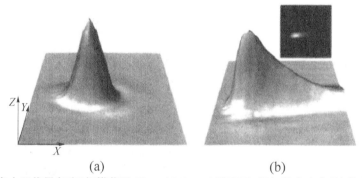

　　图 4.2　在大于临界角度(扫描范围 40 μm×40 μm)情形下,氦氖激光光束(波长为 633 nm)内部入射到无涂层(a)棱镜表面的近场成像和涂层为 53 nm 厚的 Ag 薄膜(b)棱镜表面的近场成像。由于表面等离极化激元传输远离激发区域,(b)中倏逝场指数衰减。经允许转载于[Dawson et al. , 1994]。美国物理学会 1994 年版权。

　　为了不与探测系统相互干扰,表面等离极化激元的光学激发通常通过棱镜耦合(图 4.1)或强聚焦光束实现,后者可利用衬底底端大数值孔径的浸油物镜实现。我们注意到棱镜耦合的表面等离极化激元激发方案并不适用于所有可能的传播常数值 β 情形,仅适用于第 3 章讨论的在泄漏模式窗口内的类型。

　　最早关于表面等离极化激元的物理特性的研究是采用近场光学显微镜研究了 Ag 薄膜与空气界面上的约束模式。在棱镜耦合结构中表面等离极化激元被激发,耦合结构中空气一侧的倏逝场可通过孔径化的光纤针尖探测。此处的传输场成像不依赖光栅扫描方式,拖曳光纤探针可探测表面的近场区域的电磁场局域化及相应的增强效果[Marti et al. ,1993]。探测收集表面上方不同高度的信号强度能够确定表面等离极化激元场在表面上方空气中渗透深度,同时可确定倏逝场指数衰减的空间范围[Adam et al. , 1993]。

　　对于面外约束场的探测,近场收集与光栅扫描技术的结合能够实现表面等离极化激元传播的直观成像。Dawson 等人使用光子扫描隧道显微镜对 Ag 薄膜上的表面等离极化激元(由棱镜耦合激发)的传播进行空间成像。图 4.2(b)显示了一个在薄膜表面上方的近场收集的三维场强度。在可见光区域中,激发波长为 $\lambda_0 = 633$ nm 可保证界面上的较好的约束(利用式(2.12)计算得到 $\hat{z} = 420$ nm)。作为可控实验,图 4.2(a)呈现出在同样激发条件下普通棱镜表面上的倏逝场。对于镀 Ag 膜的棱镜,远离其表面上激发点的电磁场能量传播情况是可见的。类似的实验利用拟合始于表面等离极化激元发射点的指数型尾迹,能够直接测定表面等离激元传播长度 L。在这种情况下,Ag 膜/空气结构中表面等离极化激元传播的长度经测定为 13.2 μm,与理论模型计算结果一致。同样,表面等离极化激元在面内传播远离激发区域也能够被监测到。

收集模式近场光学显微镜从开始研究到被广泛地应用在表面等离极化激元传播中,最突出的一个方面是金属条带波导研究,其中的表面等离极化激元的横向传输范围受条带宽度的限制(见第 7 章)。上述研究能够保证传播长度和面外横向约束之间的平衡,此外在波导功能器件如反射镜或布拉格镜中作用很大。例如,近场成像可实现同向与反向表面等离极化激元波间的干涉图样的直接可视化。相关研究内容在第 7 章有关等离激元波导的部分中介绍。

近场探测对金属结构表面的散射损耗估计非常有帮助[Bouhelier et al., 2001],同样对确定曲面的表面等离极化激元的色散特性也非常有用[Passian et al., 2004]。值得注意的是,探针尖端的存在能影响表面等离极化激元的色散特性,但对于介质尖端而言,这种影响是可以忽略的[Passian et al., 2005]。

正如所预期的,近场光学显微技术是研究金属纳米颗粒或者组装的金属结构的局域表面等离激元的常见方法(见第 5 章)。在上述实验中,光路往往是相反的:光从光纤尖端的亚波长孔中发出,照射待研究的金属结构而非收集光子,因此除了空间场分布成像,局域模式的近场光谱也可获得。在第 10 章中关于光谱学和传感的部分中会展示出部分例子。

在上述照明模式(illumination mode)中,光纤探针作为局域偶极子源能有效地激发表面等离激元(或前面章节中所描述的表面等离极化激元传播)。采用远场的物镜收集透射光或反射光,从而提取表面结构的电磁场信息。除去远场中的光子收集,研究的金属薄膜结构可以直接安装在光敏二极管上,就像 Dragnea 等人所完成的,过去常用此几何结构来研究具有亚波长狭缝的平坦金属薄膜上的表面等离极化激元传播特性[Dragnea et al., 2003]。

4.2　荧光成像

与利用近场光学显微镜的小孔光纤尖端局部收集表面等离极化激元的近场光学信息不同,像量子点或荧光分子一类的发射器能够直接放置于表面等离极化激元场的倏逝尾内(the evanescent tail)。如果表面等离极化激元传输场的频率位于发射体的宽光谱吸收频带内,它们在表面等离极化激元作用下被激发是可能的,且发射的荧光辐射强度与位于发射体处的局域场强度成正比。因此,利用在表面上涂敷掺杂有发射体的介质薄膜,就可以呈现出在金属/空气界面上表面等离极化激元场的传输。如果涂层足够薄,且折射率比较低(嵌入在聚合物中的量子点或单层的荧光分子),由于覆盖层很小,表面等离极化激元的色散特性变化很小。

在第 9 章中将更加详细地讨论,如果能够小心地避免非辐射淬灭,那么放置在传输的表面等离极化激元(或局域等离激元)近场中的荧光分子的荧光产率将会增强。通过在支持表面等离极化激元传输的金属薄膜和荧光分子之间插入一个约几纳米厚的薄间隔层可阻止非辐射的能量转移。

Ditlbacher 等人基于上述想法通过将激光(波长 515 nm,$P = 5$ mW)聚焦于厚度为 70 nm 的 Ag 薄膜上的金属线或纳米颗粒表面缺陷上实现激发的表面等离极化激元的成像,缺陷由电子束光刻制备。涂有罗丹明 6G 分子的亚单层金属膜能够确定表面等离极化激元(SPPs)场的空间结构。为了减少由于分子之间的相互作用和对金属薄膜的非辐射能量转移的淬灭,分子浓度被调控到足够小,厚度为 10 nm 的薄 SiO₂ 间隔层插入到分子膜和 Ag 基底。图 4.4 为使用分色镜收集的荧光信号的 CCD 图像。强度分布与预测的通过表面缺陷激发的表面等离极化激元的路径十分吻合(参见第 3 章的图 3.13)。

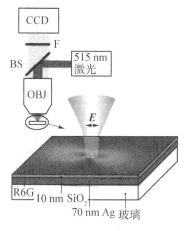

图 4.3 表面等离极化激元场的荧光成像。70 nmAg 膜上的表面等离极化激元通过照射纳米颗粒(经过一个缺陷的相位匹配)激发得到,采用 100×物镜,模式场分布通过探测掺杂有罗丹明 6G 的涂层的荧光发射成像得到。经允许转载于[Ditlbacher et al.,2002a]。美国物理联合会 2002 年版权。

采用这个方法,通过类似于用小孔探针在近场中直接探测,能够提取出关于空间场约束、传播距离和干涉效应的信息,但探针的分辨率受制于衍射极限。然而,在高场强的区域的漂白效应(the effect of bleaching)需要精确地量化分析。

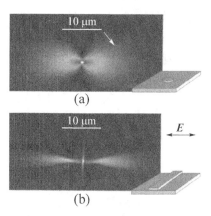

图 4.4 表面等离极化激元的强度分布的荧光图像,(a)Ag 纳米颗粒(直径 200 nm,高度 60 nm)照射激发表面等离极化激元,(b)Ag 纳米线(宽度 200 nm,高度 60 nm,长度 20 μm)照射激发表面等离极化激元。颗粒放置在支持表面等离极化激元传输的连续 Ag 膜上。经允许转载于[Ditlbacher et al.,2002a]。美国物理联合会 2002 年版权。

4.3　泄漏辐射

在金属膜的空气界面处,被激发的表面等离极化激元的色散曲线位于由 $k=n_{air}\omega/c$ 定义的光锥的外侧,模式在进入空气区域时并没有辐射损失(对于一个非常平坦的界面通常忽略其粗糙度)。然而,能量在进入具有更高折射系数 n_s 的支持传输的基底内会有损耗。辐射损耗发生在色散曲线上的所有点,如图 4.5 所示,这些点位于基底上波矢$k_s=n_s\omega/c$ 的光线的左侧。因此,在该区域中激发表面等离极化激元的传输常数 β 为

$$k_0 < \beta < k_0 n_s \tag{4.1}$$

除了固有的吸收损耗外,渗入衬底的泄漏辐射还提供了一个二次损耗通道。

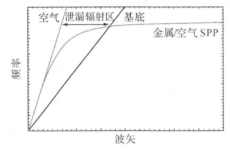

图 4.5　表面等离极化激元在金属/空气界面上的一般色射关系。在空气和高折射率基底的光线所围成的区域中,传播的表面等离极化激元通过泄漏辐射进入基底光锥损失能量,通过收集能量实现成像。

正如前面章节所指,泄漏型表面等离极化激元可采用棱镜耦合本征激发,且进入棱镜的泄漏辐射将与直接反射光束发生干涉。只有在临界耦合的(图 3.1)条件下才能实现零反射,当吸收损耗完全等于辐射损耗时,金属薄膜中所有的能量都被吸收。上述情况只在金属膜为临界厚度时才能发生。

除了用于检测棱镜耦合的效率外,泄漏辐射信号收集也能够用来研究其他表面等离极化激元的激发方法,如强聚焦束或光栅,只要激发波矢量 β 位于基底光锥内,满足式(4.1)。

用于收集泄漏辐射的典型装置如图 (4.6) 所示[Ditlbacher et al., 2003]。在研究中,泄漏辐射强度被用来量化光与表面等离极化激元的耦合效率,通过类光栅的激发方案实现,其栅格数目可变,栅格常数为 Λ。在上述收集结构中,我们观测到只有一半泄漏辐射被位于下方的棱镜收集。基于此项技术,通过改变激发激光光束与样本的相对位置,可得到其空间强度分布图。对不同栅格常数的单光栅耦合和三光栅耦合薄膜的泄漏辐射量的收集分别如图 4.7 中的(a)和(b~d)所示。

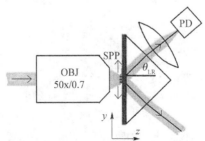

图 4.6　表面等离极化激元场泄漏辐射成像的实验装置。此处,表面等离极化激元采用光栅耦合激发,接下来泄漏辐射进入采用光电二极管收集的下方棱镜。经允许转载于[Ditlbacher et al., 2003]。美国物理联合会 2003 年版权。

对于具有适当栅格常数的三光栅样品，表面等离极化激元激发耦合效率最高可达 15%。自然地，同样的装置也能够用于量化其他激发方法的耦合效率，例如高聚焦光束或通过自然或人工设计的粗糙表面的耦合（详见第 3 章）。

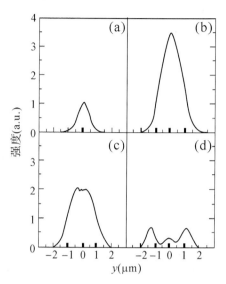

图 4.7　通过收集泄漏辐射来量化一个有限金属光栅的耦合效率。图 4.6 中(a)和(b~d)分别表明了不同晶格常数的单光栅和三光栅的样品位置与实验观察到的泄漏辐射分布的关系图。图(a)中曲线对最大强度值进行了归一化。经允许转载于[**Ditlbacher et al.，2003**]。美国物理联合会 2003 年版权。

在等离激元波导的设计中也需考虑泄漏辐射。例如，现有与棱镜耦合相关的金属条带或纳米线中表面等离极化激元约束场传播的研究也仅仅限于式(4.1)中所描述的泄漏模式。泄漏波导将会在第 7 章进行详尽地讨论。

除了用于观察表面等离极化激元传输，泄漏辐射成像也可以用做表面等离极化激元散射关系的直接可视化，这已经被 Giannattasio 和 Barnes 的研究所证实[Giannattasio 和 Barnes，2005]。这项工作中，采用从相位匹配的随机粗糙面散射的聚焦光束，在 50 nm 厚的 Ag 膜的空气界面处激发表面等离极化激元（图 4.8）。与基底底面黏合的 CCD 照相机用于直接拍摄进入 Si 基底的泄漏辐射。对于平坦薄膜（图 4.8(a)），辐射以角度为 θ_{SPP} 的锥体形状发射，与圆形图样上的 CCD 平面交叉，其中 $n_s k_0 \sin\theta_{SPP} = \beta$。不同频率的光可用于激发，通过图像中圆的半径来计算泄漏辐射角 θ_{SPP}，因而能够确定式(4.1)区域内的波矢量 β。通过收集泄漏激发，得到了图 4.9(a)所示的部分锥形圆周的图像，从而证实了这个方法对于测定表面等离极化激元散射关系是有效的。

上述方案令金属表面结构的较为复杂的散射关系测定变得相对简单。对于一个规则的表面，光栅常数为 a（相对倒易光栅矢量 $G=2\pi/a$）的一维周期性波纹面，激发激光光线的垂直入射导致泄漏辐射进入中心光锥，与其他光锥发生交叉，接下来发生了波矢为 $k \pm G$（图 4.8）的表面等离极化激元的散射。这导致在相邻锥形交叉处形成表面等离极化激元传输带隙，中央圆周发生断裂，在图 4.9(b)中清晰可见。另外，在这些图像中，可以清晰地看到进入空气和基底层的散射路径，形如喷气式飞机的尾迹。

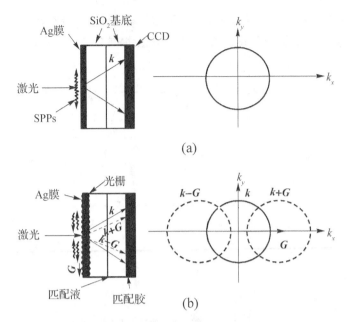

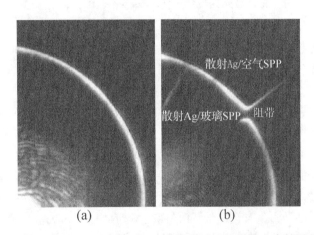

图 4.8　测定表面等离极化激元色散关系的泄漏辐射成像实验几何结构。(a) 平坦的 Ag 表面：单个光锥发射进入 SiO₂ 基底。(b) 周期性波纹 Ag 表面：由于表面等离极化激元被布拉格矢量为 G 的光栅散射，中心锥体被其他光锥分割。经允许转载于 [Giannattasio 和 Barnes, 2005]。美国光学学会 2005 年版权。

图 4.9　图 4.8 描述的，在 k 空间中被一个 CCD 阵列记录的圆锥激发的图像。(a) 平坦的样品。(b) 在 k 空间两个锥形交叉处出现的断带成像。经允许转载于 [Giannattasio 和 Barnes, 2005]。美国光学学会 2005 年版权。

4.4　散射光成像

在随机(或人为设计)的表面突起上的散射会引起光损耗，通过收集上述损耗，可对处于金属薄膜空气界面上的表面等离极化激元传输实现成像。这些局域碰撞的散射使得波矢为 $\beta > k_0$ 的 SPPs 获得动量分量 Δk_x，能够减小进入空气光锥区域内的 β(见式(3.3))，从而耦合到连续介质中，使得光子散射。对于具有良好表面质量的非常平坦的表面，散射量减少，使得更加详尽地测定表面等离极化激元的特性(如传播距离)变得更加困难。

利用观测随机粗糙面的光散射,也能够在调制表面上实现表面等离极化激元的色射成像。对于具有闪耀光栅的金属周期性波纹面,Depine 和 Ledesma 通过观测所谓的扩散光带(diffuse light bands),利用这个方法测定了这种表面等离极化激元的带隙。呈现这些情况是由于光栅的随机粗糙面的散射造成的,实验装置非常简单如图 4.10 所示。一个表面等离极化激元被聚焦的一束激光以角度 θ 在垂直于光栅的表面上所激发,散射光投射到与基底平行的屏幕上。

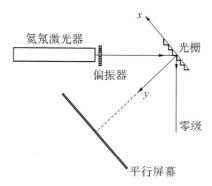

图 4.10　漫散射背景的观测实验装置。经允许转载于[**Depine 和 Ledesma, 2004**]。美国光学学会 2004 年版权。

有人指出,经过表面等离极化激元的调制,甚至当 β 完全平行于光栅的凹槽时,一个闪耀光栅导致入射和反射光束的极化转换。通过记录镜面反射强度与入射角 θ 和 β 与光栅的布拉格矢量夹角 ϕ 的关系,从而获得倒易空间的图像。

Depine 和 Ledesma 揭示了扩散背景的观测不一定需要在角度 ϕ 中扫描,现在假设在固有的粗糙度表面散射。

β 面内分量强度分布如图 4.11 所示,图(a)和(b)为入射光分别在 TM 和 TE 偏振条件下的图像。观测到的结构与这个系统下电磁模式的倒易空间的计算十分吻合,也符合利用角度扫描的实验测试结果。在这些图中,带隙可以通过记录禁止传播对应的 β 的黑暗边缘之间的最小距离来测定。

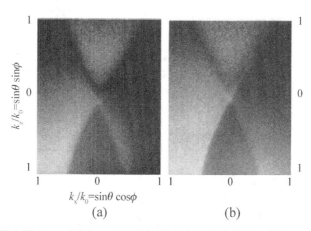

图 4.11　在闪耀光栅上 **TM(a)** 和 **TE(b)** 偏振激发光束激发的表面等离极化激元的倒易空间图像。经允许转载于[**Depine 和 Ledesma, 2004**]。美国光学学会 2004 年版权。

第 5 章　局域表面等离激元

本章将介绍第二类基本等离激元，即局域表面等离激元的激发。在前几章中，我们已经了解到表面等离极化激元（SPPs）是在介质界面与导体的电子等离子体发生耦合的传输型的色散电磁波。局域表面等离激元是非传输型的，由与电磁场发生耦合的金属纳米结构中的导带电子激发。上述模式一般存在于振荡电磁场中亚波长导电纳米颗粒周边。颗粒曲面存在明显的束缚力作用于表面电子从而引起共振，使颗粒内层以及外层近场区域的电场放大。上述共振称之为局域表面等离激元或短程局域等离子共振。和传播型的表面等离极化激元相比，颗粒曲面上等离子共振的另一个特征是在满足第 3 章所提的相位匹配条件下通过光直接照射实现激发。

我们首先通过讨论电磁波与金属纳米颗粒之间的相互作用以研究局域表面等离激元的物理本质，获知共振的基本条件。随后各章节将分别讨论衰减过程，研究等离子共振及颗粒形状和尺寸对其影响，以及颗粒之间的相互作用。除了固体金属颗粒以外，局域等离激元在其他重要的纳米结构也可支持等离子共振，如金属颗粒表面或者内部包含介质的结构以及纳米核壳等。本章最后也简要论述增益介质与金属颗粒之间的相互作用。

对于 Au、Ag 材质纳米颗粒，共振集中在可见光区。由于共振增强吸收和散射，颗粒在传递和反射光中，呈现出鲜艳的颜色。上述现象已经存在了上千年，例如欧洲宗教用的彩色玻璃窗或玻璃杯。在第 9 和第 10 章中所涉及的现代应用主要为局域等离子共振增强发射和光学传感。

5.1　亚波长金属颗粒的标准模型

当颗粒尺寸大小比周边介质中的光波长小得多（$d \leqslant \lambda$）时，电磁场与颗粒（尺寸大小为 d）之间的相互作用可用简化的准静态近似法分析。在这种条件下，对于颗粒个体而言，简谐振荡电磁场的相位实际上是恒定的，这样问题简化为颗粒分布在静电场中，可计算出空间磁场分布。场分布计算获知后，谐振时间特性即可以在求解中得到体现。后面我们会分析到此项针对全散射的最小阶近似充分地反映了尺寸小于 100 nm 的纳米颗粒的光学性质。

我们首先利用最方便的几何解析方法：一个半径为 a 的各向同性均匀的球体位于标准静电场 $\boldsymbol{E} = E_0 \hat{z}$ 中（图 5.1）。周围介质为各向同性非吸收特性，其介电常数为 ε_m，在远离球体的地方电场线平行于 z 方向。球体的介电响应由介电函数 $\varepsilon(\omega)$ 决定，我们一般简化为复常数 ε。

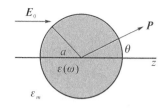

图 5.1　静电场中各向同性球体示意图

在静电学方法中,我们一般是求解拉普拉斯方程,电势$\nabla^2\Phi=0$,其中电场强度为$\boldsymbol{E}=-\nabla\Phi$。考虑到方位角对称问题,一般解为[Jackson,1999],

$$\Phi(\boldsymbol{r},\theta)=\sum_{l=0}^{\infty}[A_lr^l+B_lr^{-(l+1)}]P_l(\cos\theta) \tag{5.1}$$

其中,$P_l(\cos\theta)$是第l阶勒让德多项式,θ为点$\boldsymbol{P}$位置矢量$\boldsymbol{r}$和z轴夹角(图 5.1)。由于电位要求初始值保持有限,内部电位Φ_{in}和外部电位Φ_{out}可表示为

$$\Phi_{in}(\boldsymbol{r},\theta)=\sum_{l=0}^{\infty}\boldsymbol{A}_l\boldsymbol{r}^l\boldsymbol{P}_l(\cos\theta) \tag{5.2a}$$

$$\Phi_{out}(\boldsymbol{r},\theta)=\sum_{l=0}^{\infty}[B_lr^l+C_lr^{-(l+1)}]P_l(\cos\theta) \tag{5.2b}$$

系数A_l,B_l和C_l由边界条件$r\to\infty$,以及球面半径$r=a$确定。要求$\Phi_{out}\to-E_0Z=-E_0r\cos\theta$,当$r\to\infty$时,需要$B_l=-E_0$,$B_l=0(l\neq1)$。剩余的系数$A_l$和$C_l$由边界条件$r=a$定义。电场切向分量等式要求:

$$-\frac{1}{a}\frac{\partial\Phi_{in}}{\partial r}\Big|_{r=a}=-\frac{1}{a}\frac{\partial\Phi_{out}}{\partial r}\Big|_{r=a} \tag{5.3}$$

取代电场的位移分量等式为

$$-\varepsilon_0\varepsilon\frac{\partial\Phi_{in}}{\partial r}\Big|_{r=a}=-\varepsilon_0\varepsilon_m\frac{\partial\Phi_{out}}{\partial r}\Big|_{r=a} \tag{5.4}$$

基于边界条件,可得$A_l=C_l=0(l\neq1)$,另外,通过计算余下的系数A_l和C_l,电位值分别为

$$\Phi_{in}=-\frac{3\varepsilon_m}{\varepsilon+2\varepsilon_m}E_0r\cos\theta \tag{5.5a}$$

$$\Phi_{out}=-E_0r\cos\theta+\frac{\varepsilon-\varepsilon_m}{\varepsilon+2\varepsilon_m}E_0a^3\frac{\cos\theta}{r^2} \tag{5.5b}$$

方程式(5.5b)物理意义很有趣:Φ_{out}描述了位于颗粒中心的偶极子电场和外加电场的叠加。引入偶极矩$\boldsymbol{p}$,我们可把Φ_{out}写成

$$\Phi_{out}=-E_0r\cos\theta+\frac{\boldsymbol{p}\cdot\boldsymbol{r}}{4\pi\varepsilon_0\varepsilon_mr^3} \tag{5.6a}$$

$$\boldsymbol{p}=4\pi\varepsilon_0\varepsilon_ma^3\frac{\varepsilon-\varepsilon_m}{\varepsilon+2\varepsilon_m}\boldsymbol{E}_0 \tag{5.6b}$$

因此，我们看到外加电场感应球体内部偶极矩与 $|E_0|$ 成比例。如果我们引入极化率 α，定义 $p=\varepsilon_0\varepsilon_m\alpha E_0$，可得到

$$\alpha=4\pi a^3\frac{\varepsilon-\varepsilon_m}{\varepsilon+2\varepsilon_m} \tag{5.7}$$

方程式(5.7)为本章核心结果，是在静电近似中亚波长直径小球上的极化强度。我们注意到这和克劳修斯-克拉佩隆方程（Clausius-Mossotti relation）具备相同的形式[Jackson,1999]。

图 5.2 给出了满足德鲁特模型的 Ag 颗粒的介电系数 $\varepsilon(\omega)$ 随频率 ω 变化时极化系数的模和相位 α[Johnson 和 Christy,1972]。显然，在条件 $|\varepsilon+2\varepsilon_m|$ 取最小值时，极化会共振增强，这对于极小或缓慢变化的 $\mathrm{Im}[\varepsilon]$，可简化为

$$\mathrm{Re}[\varepsilon(\omega)]=-2\varepsilon_m \tag{5.8}$$

该关系式被称为佛力施条件(Fröhlich condition)，与此相关的模式（在谐振场中）被称为偶极表面等离激元。对位于空气中的介电函数式(1.20)满足德鲁特模型的球形金属，佛力施标准(Fröhlich criterion)在频率 $\omega_0=\omega_p/\sqrt{3}$ 处满足，式(5.8)更深层表达了共振频率主要依赖于介质环境：共振随 ε_m 增加而红移。金属纳米颗粒是光学传感折射率变化的理想平台，这将在第 10 章讨论。

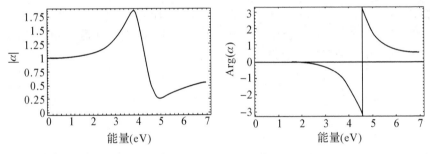

图 5.2 亚波长金属纳米颗粒的绝对值和极化度 α 式(5.7)遵守驱动场频率（以 eV 为单位），ε_w 为德鲁特模型适合 Ag 的介电函数[Johnson 和 Christy,1972]。

由于 $\mathrm{Im}[\varepsilon_m]\neq0$，其分母并非为零值，故 α 的振幅是有限的。这部分将在本章结尾中增益介质中的纳米颗粒详细讨论。

电场分布 $E=-\nabla\Phi$ 可以通过电势分布式(5.5)计算得到：

$$E_{\mathrm{in}}=\frac{3\varepsilon_m}{\varepsilon+2\varepsilon_m}E_0 \tag{5.9a}$$

$$E_{\mathrm{out}}=E_0+\frac{3n(n\cdot p)-p}{4\pi\varepsilon_0\varepsilon_m}\frac{1}{r^3} \tag{5.9b}$$

显然，α 共振同时也意味着内部场和偶极场的共振增强。在光学器件和传感器应用中，金属纳米颗粒等离子共振场增强非常重要。

到目前为止我们对于静电场已经有了很深入的理解，现在将注意力转向由等离子共振中的小颗粒所产生的电磁辐射。对于 $\alpha\leqslant\lambda$ 的小球体，在准静态下可以等效为理想偶极子，适用于时变场且可忽略颗粒大小造成的空间延迟效应。在平面波 $E(r,t)=E_0\mathrm{e}^{-i\omega t}$ 照

射下,电场感应出振荡偶极矩 $p(t) = \varepsilon_0 \varepsilon_m \alpha E_0 e^{-i\omega t}$,$\alpha$ 由式(5.7)确定。偶极子辐射导致球面波散射,可以看作点偶极子辐射。

这里需要简要回顾与振荡电偶极子相关的电磁场理论。在偶极子近场、中间和远场区域中电磁场分量总和 $H(t) = H e^{-i\omega t}$ 和 $E(t) = E e^{-i\omega t}$,可表示为

$$H = \frac{ck^2}{4\pi}(n \times p)\frac{e^{ikr}}{r}\left(1 - \frac{1}{ikr}\right) \tag{5.10a}$$

$$E = \frac{1}{4\pi\varepsilon_0\varepsilon_m}\left\{k^2(n \times p)\times n\frac{e^{ikr}}{r} + [3n(n \cdot p) - p]\left(\frac{1}{r^3} - \frac{ik}{r^2}\right)e^{ikr}\right\} \tag{5.10b}$$

其中,$k = \frac{2\pi}{\lambda}$,n 为点 P 所处方向的单位矢量。近场区域($kr \ll 1$)中,式(5.9b)所示的静电场强修正为

$$E = \frac{3n(n \cdot p) - p}{4\pi\varepsilon_0\varepsilon_m}\frac{1}{r^3} \tag{5.11a}$$

振荡区域中伴随磁场为

$$H = \frac{i\omega}{4\pi}(n \times p)\frac{1}{r^2} \tag{5.11b}$$

在近场区域内,电场分量占主导,磁场大约为 $\sqrt{\varepsilon_0/\mu_0}(kr)$,比电场小。对于静态场($kr \to 0$),磁场分量逐渐消失。

在辐射区中当 $kr \gg 1$,电偶极场为所知的球面波形式:

$$H = \frac{ck^2}{4\pi}(n \times p)\frac{e^{ikr}}{r} \tag{5.12a}$$

$$E = \sqrt{\frac{\mu_0}{\varepsilon_0\varepsilon_m}}H \times n \tag{5.12b}$$

关于偶极辐射特性简要介绍到此为止,如读者需要进一步了解可参阅电磁场理论教科书[Jackson, 1999]。从光学的角度看,共振增强极化率 α 的另一个有趣的特征是,对金属纳米颗粒的光散射和光吸收的增强。对应的散射截面 C_{sca} 和吸收率 C_{abs} 可由通过公式(5.10)得到的坡印廷矢量(Poynting vector)计算得出[Bohren 和 Huffman, 1983]:

$$C_{sca} = \frac{k^4}{6\pi}|\alpha|^2 = \frac{8\pi}{3}k^4 a^6 \left|\frac{\varepsilon - \varepsilon_m}{\varepsilon + 2\varepsilon_m}\right|^2 \tag{5.13a}$$

$$C_{abs} = k\text{Im}[\alpha] = 4\pi ka^3 \text{Im}\left[\frac{\varepsilon - \varepsilon_m}{\varepsilon + 2\varepsilon_m}\right] \tag{5.13b}$$

对于 $a \ll \lambda$ 的小颗粒,吸收效率与 a^3 成正比,大大超过散射率(与 a^6 成正比)。到目前为止我们都没有在推导中明确假设球形物体是金属,因此截面公式(5.13)对于介质散射体同样适用,而且也证明了实际应用中的一个重要问题。由于 $C_{sca} \propto a^6$,因此从较大的散射背景上辨认出小物体就变得很困难。处在较大散射背景中,直径小于 40 nm 的纳米颗粒成像通常只能利用光热技术,依赖于与表面尺寸相关的光吸收[Boyer et al., 2002],详细阐述见第 10 章。方程(5.13)表明金属纳米颗粒的吸收和散射满足佛力施条件(公

式(5.8))时[Kreibig 和 Vollmer，1995]，电偶极子等离子共振，它的吸收和散射也会共振增强。准静态限制下，球体积为 V 和介电函数 $\varepsilon=\varepsilon_1+\mathrm{i}\varepsilon_2$，消光横截面的准确表达为 $C_{\mathrm{ext}}=C_{\mathrm{abs}}+C_{\mathrm{sca}}$，即

$$C_{\mathrm{ext}}=9\frac{\omega}{c}\varepsilon_m^{3/2}V\frac{\varepsilon_2}{[\varepsilon_1+2\varepsilon_m]^2+\varepsilon_2^2} \tag{5.14}$$

图 5.3 为在两种不同介质中用上式计算的 Ag 球准静态近似消光截面。

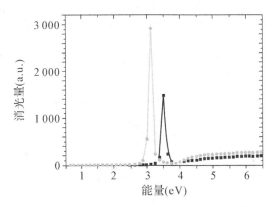

图 5.3　**利用公式(5.14)计算得到的空气(黑线)和 SiO₂(灰线)中的 Ag 球准静态近似消光截面。数据来自[Johnson 和 Christy，1972]。**

针对球形纳米颗粒形状的假设可以放宽，然而，必须指出亚波长金属纳米结构的局域表面等离子共振的基本物理学描述在上述条件下是非常完善的。静态近似条件下，更为普适的情况，如半轴为 $a_1\leqslant a_2\leqslant a_3$ 的椭球，满足 $\frac{x^2}{a_1^2}+\frac{y^2}{a_2^2}+\frac{z^2}{a_3^2}=1$。坐标系中散射问题的处理中，极化度 $\alpha_i(i=1,2,3)$ 随主轴的表达式

$$\alpha_i=4\pi a_1 a_2 a_3\frac{\varepsilon(\omega)-\varepsilon_m}{3\varepsilon_m+3L_i(\varepsilon(\omega)-\varepsilon_m)} \tag{5.15}$$

L_i 为几何因子

$$L_i=\frac{a_1 a_2 a_3}{2}\int_0^\infty\frac{\mathrm{d}q}{(a_i^2+q)f(q)} \tag{5.16}$$

其中，$f(q)=\sqrt{(q+a_1^2)(q+a_2^2)(q+a_3^2)}$，几何因子满足 $\sum L_i=1$，球体满足 $L_1=L_2=L_3=\frac{1}{3}$。作为一种替代方法，椭球的极化率通常在由退极化因子 $\widetilde{L}_i$ 表达。通过 $E_{1i}=E_{01}-\widetilde{L}_i P_{1i}$ 定义，E_{1i} 和 P_{1i} 分别是沿主轴 i 的电场 E_{0i} 在颗粒内部的电场和感应极化电场强度。$\widetilde{L}_i$ 和 L 转换关系通过

$$\bar{L}_i=\frac{\varepsilon-\varepsilon_m}{\varepsilon-1}\frac{L_i}{\varepsilon_0\varepsilon_m} \tag{5.17}$$

椭球是重要的特殊球体，对于长椭球体，两个短轴是相等的，$a_2=a_3$，然而对于扁椭圆球体，两长轴是相等的，$a_1=a_2$。式(5.15)显示椭球状金属纳米颗粒具有两个光谱分离的等离子共振，分别对应传导电子沿着长轴和短轴的各自振荡。沿着长轴振荡引起的共

振,和同体积的球体上的等离子共振相比,显示明显的光谱红移。因此,我们可以利用大长径比的金属纳米颗粒实现较低频率的近红外区域等离子共振。通过定量处理,我们注意到公式(5.15)仅仅在长轴明显小于激发波长时才绝对有效。

类似分析方法也可以用于处理表面镀有不同材料的球形或椭球微结构。核壳结构中包含介质核及同心薄金属壳,近年来在等离激元学方面得到非常大的关注,尤其是宽波段调谐等离子共振,对于内径为 a_1,介电函数为 $\varepsilon_1(\omega)$,外径 a_2,介电函数为 $\varepsilon_2(\omega)$ 的核壳结构,其极化率可表示

$$\alpha = 4\pi a_2^3 \frac{(\varepsilon_2 - \varepsilon_m)(\varepsilon_1 + 2\varepsilon_2) + f(\varepsilon_1 - \varepsilon_m)(\varepsilon + 2\varepsilon_2)}{(\varepsilon_2 + 2\varepsilon_m)(\varepsilon_1 + 2\varepsilon_m) + f(2\varepsilon_2 - 2\varepsilon_m)(\varepsilon_1 - \varepsilon_2)} \tag{5.18}$$

其中 $f = a_1^3/a_2^3$ 为总颗粒体积占球体内部的体积分数,a_1 为其球内半径,$\varepsilon_1(\omega)$ 和 $\varepsilon_2(\omega)$ 是介电函数,a_2 为其外部半径 [Bohren 和 Huffman,1983]。

5.2 米氏理论

基于散射和辐射吸收理论,当极化率 α 满足佛力施条件(公式(5.8)),球形颗粒上将产生共振场增强。上述条件下,纳米颗粒类似电偶极子,共振吸收和散射电磁场。这种偶极子等离子共振理论仅对微小颗粒有效。然而实际上,在可见光或近红外区域内,上述计算为小于 100 nm 的球形或椭球形颗粒也提供了较合理的近似。

然而,对于更大的颗粒,外界电场在颗粒范围内部相位发生明显变化,准静态近似显然是不合理的,因此必须严格地按照电动力学方法推导。1908 年,为了理解液相中胶态金颗粒的颜色,Mie 在他的原创论文中提出了一套基于球体的电磁辐射吸收及散射的完整理论 [Mie,1908]。该套现在被叫做米氏理论(Mie theory)的方法将颗粒的内部和外部散射场展开为一组由矢量谐波组成的简正模式。针对亚波长球体的准静态有效近似结果可以由一阶的吸收和散射级数展开等效。

很多专著都有米氏理论的讨论,如 [Bohren 和 Huffman, 1983, Kreibig 和 Vollmer, 1995],关于高阶项的详细讨论并非我们的目标,所以本文不再阐述,我们主要是检验其准静态一阶修正情况下的物理结果。

5.3 超越准静态近似和等离激元寿命

准静态近似下的金属球或椭球极化率的一般表达式如(5.7)和(5.15),我们将讨论不在上述近似所需尺度范围内的颗粒上等离子共振的光谱位置和谱宽变化。需要考虑两种情况,其一由于大尺度造成的延迟效应,准静态近似不满足适用条件;其二,对于半径小于 10 nm 的金属纳米颗粒,其尺度小于振荡电子的平均自由程。

对于大尺度颗粒,将基于米氏理论的 TM 模式直接展开,体积为 V 的球体极化率可表达为 [Meier 和 Wokaun, 1983, Kuwata et al., 2003]

$$\alpha_{\text{Sphere}} = \frac{1 - \left(\frac{1}{10}\right)(\varepsilon + \varepsilon_m)x^2 + O(x^4)}{\left(\frac{1}{3} + \frac{\varepsilon_m}{\varepsilon - \varepsilon_m}\right) - \frac{1}{30}(\varepsilon + 10\varepsilon_m)x^2 - i\frac{4\pi^2 \varepsilon_m^{3/2}}{3}\frac{V}{\lambda_0^3} + O(x^4)} V \tag{5.19}$$

其中,$x = \frac{\pi a}{\lambda_0}$ 为尺度参数(size parameter),与自由空间波长半径有关。相比简单的准

静态近似,大量附加代数项出现在式(5.19)的分子和分母中,每个都有其特定的物理意义。x 的二次项分子包含了球体范围内受激电场的延迟效应,导致等离子共振的频谱位移。分母的二次项也会导致共振能量位移,主要由于颗粒内去极化场(depolarization field)的延迟[Meier 和 Wokaun,1983]。对德鲁特类型金属和贵金属,总体位移趋向低能区:偶极子共振光谱位置随颗粒增大而发生红移。简而言之,在粒子相对界面上的电荷之间的距离随着颗粒尺寸增加而增大,致使回复作用力减小,从而降低了共振频率。红移现象也意味着带间跃迁的影响(Im[ε₂]增加)不满足德鲁特理论,即等离子共振从带间跃迁边缘位移。

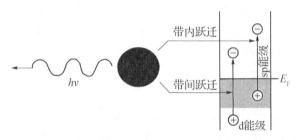

图 5.4 颗粒等离激元衰变辐射(左)和非辐射(右)示意图

分母中的二次项也增加了极化率,本质上减轻了 ε 虚部产生的吸收率影响。然而,这种强度的增加被第三项抵消,在分母中属于完全虚构项,在辐射衰减中占较大比重。式(5.19)中高阶项将导致高阶共振,将在下一节讨论。

光子中相干电子振荡的直接辐射衰减通路导致了辐射衰减[Kokkinakis 和 Alexopoulos,1972],这也是偶极子等离子共振强度随颗粒尺寸增大而减弱的主要原因[Wokaun et al.,1982]。然而,尽管如上,等离子共振的带宽仍然有所扩大。

对于非准静态情况,其等离子共振由两个相互竞争的衰减过程(图5.4)组成:衰变为光子的辐射过程(主要发生于较大颗粒)和由于吸收引起的非辐射过程。非辐射衰变归因于电子-空穴对的产生,包括导带内的带内激发或低轨道的 d 导带到 sp 导带之间带间跃迁。关于此类衰减的物理背景详见[Link 和 El-Sayed,2000,Sönnichsen et al.,2002b]。

为定量描述,Heilweil 与 Hochstrasser 合作提出可以利用简单的两级等离子共振模型来涵盖上述的两个衰减过程[Heilweil 和 Hochstrasser,1985]。因而,等离子共振的均匀线宽 Γ 可由消光光谱测定,与内衰减过程相关,引入移相时间 T_2,Γ 和 T_2 关系为

$$\Gamma = \frac{2\hbar}{T_2} \tag{5.20}$$

类似介质振荡器,等离子共振强度可用品质因数 Q 表示,即 $Q = E_{res}/\Gamma$,E_{res} 是共振能量。

此理论中,相干激发的移相或由能量衰减造成,或由散射造成,电子能量不变而动量变化。这可以通过 T_2 与布居弛豫或衰减时间 T_1 的关系式表明,描述了辐射和非辐射能量衰减过程,以及由弹性碰撞引起的移相时间 T_2^*:

$$\frac{1}{T_2} = \frac{1}{2T} + \frac{1}{T_2^*} \tag{5.21}$$

Link 与 El-Sayed 利用泵浦检测实验探索等离激元衰减细节[Link 和 El-Sayed, 2000]，获知一般情况下 $T_2^* \gg T_1$，则 $T_2 = 2T_1$。对于小尺寸 Au、Ag 纳米颗粒，其尺寸和周边材料属性确定一般 5 fs $\leqslant T_2 \leqslant$ 10 fs。图 5.5 为用暗场显微镜观察到的不同直径 Au、Ag 纳米球移相时间，与等离激元衰减相关的 Γ 和 T_2 由式(5.20)计算获得。显然，Au 颗粒上的等离激元衰减满足米氏理论，并能为实验数据佐证[Johnson 和 Christy，1972]。然而对于 Ag 颗粒，适用性不强，尤其对于小尺寸，可观测到移相时间明显降低了，这可能是由于发生在颗粒表面的衰减过程。辐射和非辐射通路对延迟时间 T_1 的相关贡献是重要的，尤其是在样品升温或金属纳米结构上荧光分子淬灭需要被避免的时候。在这种情况下，辐射衰变应该占据主导地位。为实现这一目标，Sönnichsen 等人在不同长径比 Au 纳米棒中进行了一项旨在最大限度提高辐射时间 $T_{1,r}$，并降低非辐射作用时间 $T_{1,nr}$ 的研究。对于谐振光散射，上述成果相当于量子效率 η 最大化，即

$$\eta = \frac{T_{1,r}^{-1}}{T_1^{-1}} = \frac{T_{1,r}^{-1}}{T_{1,r}^{-1} + T_{1,nr}^{-1}} \tag{5.22}$$

此研究中，纳米棒的衰减时间接近临界值 $T_2 \approx 18$ fs，棒长径比为 3∶1，明显比类似 Au 纳米球的移相时间大，如图 5.5。这主要是由于从球到椭球几何形状引起的变化，减弱了非辐射衰减，因此，限制了带内跃迁的影响。

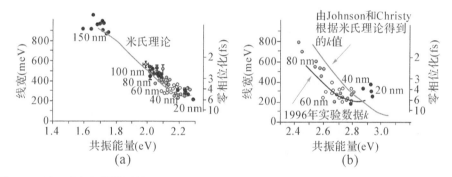

图 5.5　利用暗室显微镜测量 Au(a)纳米球和 Ag(b)纳米球等离子共振的线宽，与米氏理论预测结果的比较。美国物理联合会 2002 年版权。

现在，我们将注意力转向小尺寸金属颗粒范畴。若 Au、Ag 颗粒半径小于 10 nm，必须加以考虑一个额外衰减过程，也一般称作化学界面衰减(chemical interface damping)。这里，由于颗粒尺寸总体比电子的平均自由程(30 nm～50 nm)小，颗粒表面弹性散射致使相干振荡的移相率增加。这可解释图 5.5 观测到小尺寸银颗粒上衰减时间减少的原因，实验观察到的等离激元线宽 Γ_{obs} 表示为[Kreibig 和 Vollmer，1995]

$$\Gamma_{obs}(R) = \Gamma_0 + \frac{A \upsilon_F}{R} \tag{5.23}$$

其中，Γ_0 描述界面衰减或辐射衰减主导的区域，即颗粒的等离激元线宽。Γ 由 $\mathrm{Im}[\varepsilon(\omega)]$ 单独定义。υ_F 为电子费米矢量，与散射过程相关的因子 $A \approx 1$[Hövel et al.，1993]。除了共振峰的展宽，对于直径低于 10 nm 的颗粒，其共振能量频移也被观察到。然而，上述转变的方向似乎取决于颗粒表面的化学状态，蓝移和红移也可在实验中观察到，详见[Kreibig 和 Vollmer，1995]。

目前为止,我们对于金属纳米颗粒与入射电磁波互作用的处理方式是纯经典理论,然而当颗粒半径为几纳米或者低于 1 nm 时,量子效应则开始显现。能级量子化不被考虑的原因是该尺寸范围内是金属内极大的导带电子浓度($n \approx 10^{23} \, \mathrm{cm}^{-3}$)。但是,电子绝对数值 $N_e = nV$,每个入射光子激发的电子能量为 $\Delta E \approx \dfrac{\hbar\omega}{N_e}$,明显和 $k_{\mathrm{B}}T$ 相当。在此范畴内,等离激元作为连续电子振荡是不适用的,需要用多颗粒激发的量子力学方法,过程描述见[Kreibig 和 Vollmer,1995],此书不再赘述。

5.4　实际颗粒:颗粒等离激元成像

利用远场消光显微镜,我们能很容易观察到可见光照射下的胶体或纳米结构金属的稳定局域等离子共振。制备任意形状颗粒(尽管本质上是平面结构)的常见方法是用电子束光刻及金属剥离工艺过程。若使用远场消光显微镜,纳米颗粒尺寸 $d \ll \lambda_0$,接近衍射极限,则要求在入射光照射的均匀颗粒上产生等离激元激发,这样在消光光谱上实现可接受的信噪比。通常的做法是将颗粒排列在一个正方形网格内[Craighead 和 Niklasson,1984],且有足够大的间距,可防止偶极子耦合造成的相互作用,这些将在下一节中讨论。尽管事实上,由于多颗粒吸收导致激发光束衰减(只要 $a \ll \lambda_0$,散射相对较低),但电子束光刻技术提供颗粒形状的高可重复性,可使我们观测到的共振线型接近单颗粒的均匀线型。

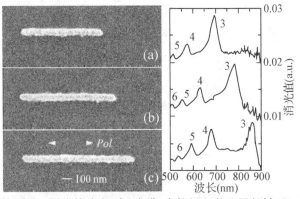

图 5.6　SEM 照片(左)和对应的消光(右)光谱,光偏振顺着不同长轴 790 nm(a),940 nm(b)和 1 090 nm(c)。横轴和纵轴长度分别为 85 nm 和 25 nm。光谱峰值说明多极化激发。经允许转载于[Ktenn et al.,2000]。美国物理联合会 2000 年版权。

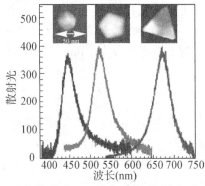

图 5.7　暗场配置中不同形状的单个 Ag 纳米颗粒散射光谱。经允许转载于[Mock et al.,2002a]。美国物理联合会 2002 年版权。

图 5.6 给出多种长度 Au 纳米线消光光谱的例子，如上所述样品由电子束光刻在既定网格内制备。由于纳米线长度 d 比 λ_0 大许多，高阶振荡模激发的共振清晰可见。如上一节所概述的延迟效应，偶极共振经历了明显的光谱红移，其能量上比入射光低。

对比于远场的消光显微镜技术，远场暗场光学显微镜和近场消光显微镜能够观测到单颗粒等离子共振。在暗场光学显微镜下，散射光仅根据待研究结构从探测路径中挑选，而透射光被暗场聚光透镜封锁。这使得基板上分散的单个颗粒研究成为可能。图 5.7 给出不同形状的胶体 Ag 颗粒的偶极等离子共振线型。其他研究者研究了不同金属纳米线共振[Mock et al.，2002b]和折射率对等离子共振的影响[Mock et al.，2003]。该方案尤其适用于生物传感，当单个颗粒发生绑定时，将监测到共振峰值偏移，这些将在第 10 章中更详细讨论。

近场光学光谱系统中，利用适当的反馈电路，可将孔径量级在 100 nm 内的光纤探针（金属化或裸纤）置于纳米颗粒附近。等离子共振的成像可利用光纤尖端收集能量并传递至远场或者从基板一侧倏逝光照射并通过光纤尖端收集。例如，上述方法已被应用于单一纳米颗粒的均匀线宽 Γ 测定[Klar et al.，1998]和多极化场[Hohenau et al.，2005a]的直接成像，同样也可表征 Au 纳米棒的散射特性[Imura et al.，2005]。更多典型的应用在有关光谱学的第 10 章中加以讨论。

本节最后详细讨论在暗场光谱分析中，颗粒长径比对于偶极等离子共振的影响[Kuwata et al.，2003]。图 5.8 显示各种 Au 纳米线的散射图像和等离激元线型（如图实线）。基于上述数据，Kuwata 等人建立了球形（公式(5.19)）到椭球结构颗粒极化率变化的验证扩展公式。对颗粒体积 V 和尺寸参数 x，极化率沿主轴线变化几何因子 L 可表示为

$$\alpha \approx \frac{V}{\left(L+\frac{\varepsilon_m}{\varepsilon-\varepsilon_m}\right)+A\varepsilon_m x^2+B\varepsilon_m^2 x^4-\mathrm{i}\frac{4\pi^2\varepsilon_m^{3/2}}{3}\frac{V}{\lambda_0^3}} \tag{5.24}$$

利用与图 5.8 类似的光谱图经验数据，获得 A 和 B 对 L 的依赖关系：

$$A(L)=-0.486\,5L-1.046L^2+0.848\,1L^3 \tag{5.25a}$$
$$B(L)=0.019\,09L+0.199\,9L^2+0.607\,7L^3 \tag{5.25b}$$

图 5.8 中的数据点对应于消光计算结果（公式(5.24)），令人惊讶的是这些表达式似乎对 Au、Ag 颗粒同样有效。

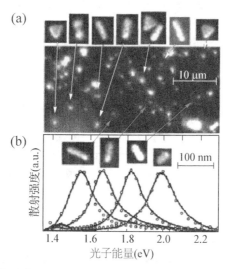

图 5.8 光学暗场图像与单个 Au 纳米颗粒的 SEM 图像(a)和对应的散射光谱(b)，入射光偏振沿着颗粒长轴。线是实验数据，圈是用经验公式(5.24)计算横截面。经允许转载于[Kuwata et al.，2003]。美国物理联合会 2003 年版权。

5.5　局域等离激元间的耦合

从式(5.8)定义的佛力施频率可知,改变颗粒的形貌和尺寸,单个金属纳米颗粒的局域等离子共振将发生频移。在颗粒集聚体中,局域模式之间的电磁互作用可引发额外的频移。对于小颗粒而言,这些相互作用是偶极子的本质特性,因此,上述颗粒集聚能够被一级近似为相互作用的偶极子。

我们现在将描述规则排列的金属纳米颗粒中这些相互作用的影响。在无序阵列中的电磁耦合使其临近的稀疏的颗粒能够产生有趣的局域效应,将在第9章中讨论由于颗粒连接处的场局域引起的增强过程中涉及。针对有序的情况,我们设定把尺寸为 a 的颗粒以一维或二维阵列的方式排列,其中颗粒之间的距离为 d。阵列中满足 $a \ll d$,故偶极子近似是合理的,且颗粒能够被看做点偶极子。

根据颗粒间距 d 的大小,分为两种情况讨论。对于紧密排列的颗粒,满足 $d \ll \lambda$,近场相互作用与距离的关系为 d^{-3},且颗粒阵列可以被视作通过近场相互作用的点偶极子阵列(见图5.11)。在这种情况下,对于规则的一维纳米颗粒链(one-dimensional particle chains),在相邻颗粒之间的纳米间隙中的强电场局域已经被观察到[Krenn et al.,1999]。由于在沿着纳米链的轴线上激发的等离激元模式并经近场耦合作用传递,进入远场的散射能量被抑制。如图5.9所示,分别为单个Au纳米颗粒及纳米链周边的电场分布实验观察(a,c)和模拟(b,d)。在Krenn和其同事的研究中,采用衬底一侧的棱镜耦合激发结构中等离激元,而近场光学信息由收集模式的近场显微镜所探测。图像中显示出紧密颗粒间的散射被强烈抑制,而在空隙处的场被高度局域化。例如在场增强中充当热点的颗粒间结在第9章关于表面增强拉曼散射(surface-enhanced Raman scattering (SERS))中加以讨论。

与单个的颗粒相比,颗粒之间的耦合作用导致等离子共振的光谱频移非常直观。利用相互作用点偶极子阵列的简单近似,同相入射条件下,等离子共振频移方向由粒子上与极化方向相关的库仑力确定。

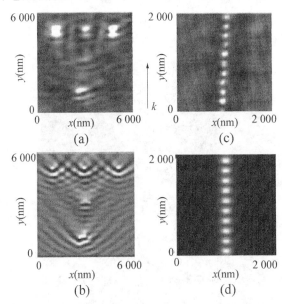

图5.9　光学近场的强度分布的实验观察(a,c)和模拟(b,d),它们分别对应于上面良好分离的Au颗粒(a,b)和近邻空间场Au纳米颗粒(c,d)的总体。而对于散射场的分散颗粒的干涉效应很容易看到,在纳米链中的场被紧密地限制在邻近颗粒之间的空隙中。等离子共振被面内运动组件的直接棱镜耦合所激发,图像中为大致轮廓。经允许转载于[**Krenn et al.,2001**]。布莱克威尔出版公司2001年版权。

如图 5.10 所示,通过改变临近颗粒的电荷分布,可以增大或减小对每个颗粒上振荡电子的束缚力。根据激发光的极化方向,横向模式将引起等离子共振的蓝移,纵向激发模式将引发红移。

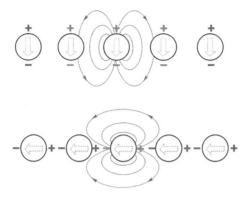

图 5.10　两个不同极化金属纳米颗粒之间近场耦合的示意图。

针对采用颗粒间距可变的 50 nm Au 颗粒组成的一维阵列,相应共振能量中的频移都能通过远场消光谱实验证明[Maier et al. , 2002a]。颗粒间距对于等离子共振的光谱位置的影响如图 5.11(b)所示,入射光包括纵向和横向极化。由于互作用与 d^{-3} 关系明显相关(见图 5.11),间距超过 150 nm 的颗粒与单个颗粒的特征基本一致。

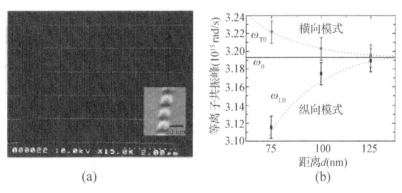

(a)　　　　　(b)

图 5.11　临近空间 Au 纳米颗粒(a)的阵列的 SEM 图像和颗粒之间距离(b)中双极子等离子共振的光谱位置的关系图像。虚线为 d^{-3} 与从点 - 双极子模式中耦合的关系。经允许转载于[**Maier et al. , 2002a**]。美国物理学会 2002 年版权。

近场相互作用的空间幅度可以通过分析颗粒阵列长度对共振频移的影响被进一步量化[Maier et al. , 2002b]。图 5.12 展现了针对固定颗粒间距,改变链长的 Au 纳米颗粒链,采用时域有限差分方法(FDTD)计算得到的频移结果,以及对应的实验比对。在 FDTD 计算中,时变电场在颗粒链的中心进行监测,而链是由间距 75 nm 的 7 个直径为 50 nm 的 Au 纳米球构成,周围介质为空气。上插入图为纵向极化同相激发时,相关结构周围的初始电场分布,下插入图为时域数据的傅里叶变换,其纵向共振峰频率在 E_L 处。右侧(a)为采用电子束光刻在 SiO_2 衬底制备的颗粒链的比较图。显然,由于耦合的近场特性,对大约含 5 个颗粒链长的 Au 纳米颗粒阵列,纵向(E_L)和横向(E_T)激发共有等离子共振能量。通过改变颗粒几何结构趋于球形,临近颗粒之间的耦合长度能够增加(图 5.12(b))。我们指出由于近场的相互作用,临近空间金属纳米颗粒的线性阵列能够看作一个相互作用偶极子的链,其支持极化波传播。这表明金属纳米链可以用作高局域场波导,具体讨论将在第 7 章进行,并将修正此处描述的简单点偶极子模型。

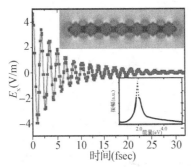 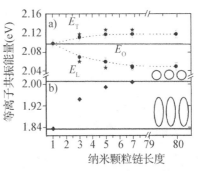

图 5.12　左边:采用 FDTD 获得的在空气中间距为 75nm 的七个 50nm 的 Au 球组成的链的颗粒中心的电场监测的时间关系。右边:a) 在焊接阵列(环)上通过远场分光镜和 FDTD 计算得到的 Au 纳米颗粒(与左边同样的结构)阵列纵向(E_L)和横向(E_T)激发的共有等离子共振能量。b) 方位比率 3∶1(菱形)的 Au 类球体的横向激发共有等离子共振能量的模拟结果。经允许转载于[Maier et al., 2002b]。美国物理学会 2002 年版权。

　　在这些初始研究之后,很多的研究都采用近场和远场探测技术证明了颗粒阵列[Wurtz et al., 2003]和颗粒对[Su et al., 2003, Sundaramurthy et al., 2005]中近场相互作用与距离的依赖关系。关于使用米氏理论详尽分析,对不同长度和形貌的颗粒聚集体中的相互作用,可以参考 Quinten 和 Kreibig[Quinten 和 Kreibig, 1993]。同样,近场耦合也能够影响复杂形状的单个颗粒的等离子共振,例如彼此很近的两个尖锐边缘的新月结构(crescent moon structure)[Kim et al., 2005]。

　　对于更大颗粒间距,远场偶极子耦合与距离的关系为 d^{-1}。已经通过衍射对类似于光栅的二维颗粒阵列之间的耦合进行了分析[Lamprecht et al., 2000, Haynes et al., 2003],并且粒间距更大的一维链近场耦合现象也已被观察到[Hicks et al., 2005]。以具有不同晶格常数的 Au 纳米颗粒的二维光栅为例,图 5.13 展示了远场耦合对等离激元谱线形状的显著影响,包括共振频率和谱线宽度方面。后者是因为衰减时间强烈依赖于光栅常数,由于连续的光栅阵列的等离激元从倏逝变为辐射时,其会影响辐射衰减量。在这个研究中,等离激元震荡的衰减时间可以通过时间分辨测量方法直接确定。

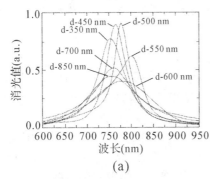 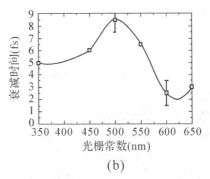

(a) (b)

图 5.13　(a)位于玻璃衬底上的方形二维光栅的消光光谱,光栅由 Au 纳米颗粒组成(高度为 14 nm, Au 纳米颗粒的直径为 150 nm),光栅常数为 d。(b)等离激元衰减时间与利用时间分辨测试观察得到的光栅常数之间的关系曲线,如图中实线所示。经允许转载于[Lamprecht et al., 2000]。美国物理学会 2000 年版权。

我们注意到通过额外的耦合方式,金属纳米颗粒之间的相互作用能够进一步增强,例如以导电衬底上的颗粒阵列的传播形式的表面等离极化激元[Félidj et al. ,2002]。

5.6　空洞等离激元和金属纳米壳

我们返回来继续讨论单一颗粒中的等离子共振,进一步观察金属结构中包含特征尺寸 $a \ll \lambda$ 的电介质时的局域电磁模式的靠近观察。最简单的该种结构就是一个介电常数为 ε_m 的球形包含物在介电函数为 $\varepsilon(\omega)$ 的均匀金属中,如图 5.14 所示。类似于金属纳米颗粒,该纳米空洞能维持一个电磁偶极子共振。事实上,对空洞的偶极矩的结果可以通过执行一个简单的式(5.7)替换 $\varepsilon(\omega) \rightarrow \varepsilon_m$ 和 $\varepsilon_m \rightarrow \varepsilon(\omega)$ 而得到。纳米空洞的极化率可以写为

$$\alpha = 4\pi a^3 \frac{\varepsilon_m - \varepsilon}{\varepsilon_m + 2\varepsilon} \tag{5.26}$$

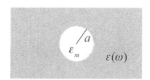

图 5.14　同性质金属中的球形电介质包体

值得注意的是与金属纳米颗粒相反,在这种情形下感应偶极矩与外部场是反向平行的。佛力施条件写成如下形式:

$$\mathrm{Re}[\varepsilon(\omega)] = -\frac{1}{2}\varepsilon_m \tag{5.27}$$

三维空体共振的一个重要例子一个是由电介质核(通常是 SiO_2 构成)和一个薄金属壳(例如 Au)组成的核/壳颗粒。这种核/壳系统的极化率可以通过式(5.18)的准静态米氏理论来得到。在一个富有启发性的分析中,Prodan 和其同事验证了核/壳纳米粒子的两个基本偶极子模式可认为是由金属球和金属背景中电介质空体的偶极模式杂化得到的(图 5.15)[Prodan et al. , 2003b]。在图中,两个独特的纳米壳共振是由于基本球和空洞模式的键合和反键合得到的。采用量子力学计算和时域有限差分模拟都可以验证该模型的有效正确性[Oubre 和 Nordlander,2004]。

为了定量描述图 5.15 中几何结构的等离激元杂化模型,颗粒等离激元可被描述为一个金属纳米结构中传导电子气的不能压缩的变形[Prodan et al. ,2003b]。这种变形可以用球谐函数的阶数 l 表达,作为研究的结果,对每阶 $l > 0$ 的两种杂化模式的共振频率 $\omega_{l,\pm}$ 可以写为

$$\omega_{l,\pm}^2 = \frac{\omega_p^2}{2}\left[1 \pm \frac{1}{2l+1}\sqrt{1+4l(l+1)\left(\frac{a^{2l+1}}{b}\right)}\right] \tag{5.28}$$

其中 a 和 b 分别为壳的内外半径。杂化模式也成功的应用在纳米颗粒二聚物的共振频率的计算上[Nordlander et al. , 2004]。

纳米壳结构中偶极等离子共振调控的极大自由度不仅使得共振频率的位移能够进入光谱的近红外区域,并且减小等离激元的线宽[Teperik 和 Popov,2004,Westcott et al.,2002]。

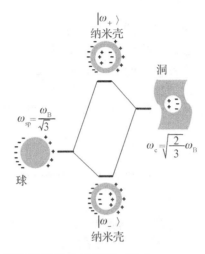

图 5.15　金属纳米壳中等离激元组合示意图。其中 $\omega_B \equiv \omega_p$。经允许转载于[Prodan et al.,2003b]。美国科学促进会 2003 年版权。

后者的事实表明在折射率传感的应用中,纳米壳比固体金属纳米颗粒优良。强局域等离子共振在近红外区域有益于生物医学应用,例如对纳米颗粒—填充肿瘤治疗,能够通过吸收引起的热量对肿瘤进行破坏[Hirsch et al.,2003]。

而上文中的空洞在自然中是三维的,实际上金属薄膜中二维孔,同样能够支持局域等离激元模式。例如这种结构可以用聚焦离子束来制备,近场光学分镜来观察[Prikulis et al.,2004,Yin et al.,2004]。从传感的角度上来说,这种结构也是非常有前景[Rindzevicius et al.,2005]。我们将在第 8 章中进一步讨论它奇异的特性。

5.7　局域等离激元与增益介质

我们想通过简单介绍等离激元光子学中的一个新兴应用来结束本部分,即增益介质与局域共振的相互作用。这个应用具有两重目的:共振激发条件下金属纳米结构的场增强,能够减小引起旋光介质发生反转的阈值光强,增益的存在能够抵消金属中的吸收损耗。虽然到目前为止增强等离子共振还未被实验确认,但是由金属纳米结构与激光染色的混合物的场增强引起的荧光放大已经被观察到[Dice et al.,2005]。

在其最简单的形式中,增益引起的等离子共振增强可以通过分析亚波长金属纳米球镶嵌在均匀光学介质中来处理。利用本章开始介绍的准静态方法,增益介质的存在可通过利用复合介电函数 $\varepsilon_2(\omega)$ 取代球形周围绝缘材料的介电常数 ε_m 实现。

采用这种简单直接的分析模型,Lawandy 已经展现了增益的存在,通过 Im$[\varepsilon_2]<0$ 来表达,可以引起等离子共振的增强[Lawandy,2004]。这是因为除了极化率 α 式(5.7)的分母的实数部分被消除。ε_2 的正的虚数部分在理论上能够导致分母项被完全消除,因此导致共振极化率无限大。以电场式(5.9)作为起点,颗粒内部的极化率场 $E_{pol}=E_{in}-E_0$ 可以给出

$$E_{pol} = \frac{\varepsilon_2 - \varepsilon}{\varepsilon + 2\varepsilon_2} E_0 \qquad (5.29)$$

对于介电函数满足式(1.20)并且电子散射率 $\gamma \ll \omega$ 的小阻尼的德鲁特金属,共振时式 (5.29)中分母不能完全消除的问题能够通过光学增益来克服。忽略增益饱和,可以得到对于奇点的发生在等离子共振 ω_0 处的临界点增益值 α_c,可以表示为

$$\alpha_c = \frac{\gamma(2Re[\varepsilon(\omega_0)]+1)}{2c\sqrt{Re[\varepsilon(\omega_0)]}} \qquad (5.30)$$

对于 Ag 和 Au 颗粒,这个结果是 $\alpha_c \approx 10^3\ cm^{-1}$。当然,在实际情况中由于增益饱和,场增强将会被抑制,参考 [Lawandy,2004]可以得到更详细的描述。关于波导背景下等离激元增益介质相互作用的进一步讨论将会在第 7 章中进行。

第6章　低频电磁表面模式

正如前面的几章中所述,在远小于波长的尺度条件下,表面等离极化激元可将电磁场约束在介质和良导体的交界面。相关场的振荡频率接近良导体固有等离激元频率时,就能够发生上述高度场局域化现象。因而,在可见光或者近红外波段,基于金属等离激元光子学的应用,如高局域化波导和高灵敏度光学传感(将在本书的第二部分进行讨论)具有广阔的应用前景。在更低的频段,通过对表面等离极化激元色散关系的简单研究,我们发现界面处的约束场会随着介质中沿着波矢方向上传播常数的急剧减小而明显地减弱。

因而,对于典型金属如 Au、Ag,随着入射光频率变低,表面等离极化激元演变成掠入射的光场,并扩散到界面附近的电介质中,深度达多个波长。这样表面等离极化激元从高度约束的表面激励演变为实质的介质层内的单色光场,这个光场沿着界面以固定的相速度传播,类似非束缚辐射光。上述演变的潜在物理机理是低频下由于介电常数的实部(正)和虚部(负)很大,而导致渗透到导体中的场部分变少。金属中一定强度的电场对保证平行于表面的非零场是关键,而非零电场对于建立振荡的空间电荷分布是必需的,对于一理想的良导体,表面等离极化激元场衰减于其内。重掺杂半导体也展现出接近中远红外频段的等离子体频率,因此如同在可见光频段内的金属一样,能够允许在中远红外波段的表面等离极化激元传播,但传输损耗较大。

以目前科学界关注的太赫兹光频谱段($0.5\,\text{THz} \leqslant f \leqslant 5\,\text{THz}$)为例,本章会首先简要讨论表面等离极化激元在金属或者半导体平面界面中的传播,也会提到具有特定表面结构的理想良导体可以支持类表面等离极化激元的表面电磁波。类似的人工或伪等离激元具有丰富的物理特质和重要的应用前景,尤其是高灵敏度生物传感和太赫兹波近场成像。本章最后会涉及一些与等离激元光子学并不直接相关的内容,如对表面声子极化激元的简要回顾,电磁场的耦合激励,或中红外波段中极化材料(如 SiC)的声子模式。

6.1　太赫兹频段的表面等离极化激元

正如在第 2 章中详细讨论的那样,在导体和折射率为 n 的介质界面处的表面等离极化激元能够使得场局域化,并伴随场增强效应,因为较大的表面等离极化激元传播常数 $\beta > k_0 n$,会导致垂直于界面的场的倏逝衰减。根据式(2.13),对场的约束随着传播常数 β 的增大而增强。相反地,当频率 $\omega \ll \omega_\text{p}$ 时,$\beta \to k_0 n$,则场的局域化明显地下降。

由于金属中的自由电子密度很大($n_\text{e} \approx 10^{23}\,\text{cm}^{-3}$),因此,只在可见光和近红外频段范

围内,金属材料才能够维持高局域化的表面等离极化激元。如图 6.1 所示,以 Ag 与空气的界面处为例,在太赫兹量级的远红外频段,传播常数 $\beta \approx k_0$,实际精度为 10^{-5}。较大的复介电常数 $|\varepsilon| \approx 10^5$ 使电场向导体内的渗透可以忽略,即形成高度非局域化的场。对于金属材料,在远红外频段的表面等离极化激元近似于在空气中以掠射入界面的单色光场,也被称为索末菲尔德-惹奈克波(Sommerfeld-Zenneck waves)[Goubau,1950,Wait,1998]。第 2 章讨论涉及的在可见光频段内的表面等离极化激元相关表达式,如果选用具有适当介电数据的金属材料,在低频段内同样适用[Ordal et al.,1983]。

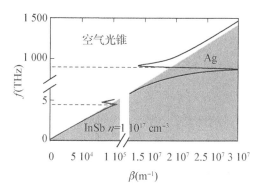

图 6.1 在 Ag 与空气界面和 InSb 与空气界面处的表面等离极化激元色散关系(由巴斯大学的 **Steve Andrews** 提供)。

图 6.1 也描述了空气和重掺杂半导体界面的表面等离极化激元色散关系,此处的半导体材料 InSb 自由电子密度为 $n_e \approx 10^{17} \; cm^{-3}$。如图所示,由于自由电子浓度变低了,上述半导体材料可以展现出的表面等离极化激元传播常数满足 $\beta > k_0 n$,在太赫兹频段的场局域化与在可见光频段下的金属材料相类似,但伴随有较大的能量吸收。实际上,在重掺杂的 Si 光栅界面上存在宽频带太赫兹脉冲的等离激元传播形式已经有所报道[Gómez-Rivas et al.,2004]。除了提高场约束能力之外,利用半导体材料(界面)实现低频表面等离极化激元传播的另一个吸引人的方面是,它有可能通过热激发,光载流子生成,或者是直接载流子注入方式来调节载流子浓度,进而调整 ω_p,利用上述的特点可设计制作有源开关器件。Gómez-Rivas 研究组已经证实用热调谐来改变在 InSb 光栅中太赫兹表面等离极化激元的布拉格散射性质[Gómez-Rivas et al.,2006]。在下文中,我们将重点讨论金属材料,这是因为用基于几何学方法去任意设计表面波的色散特性具有极好的应用前景。

宽频带太赫兹脉冲序列的激发与检测,主要应用于太赫兹时域光谱学,通常使用相干模式的产生和检测方案[van Exter 和 Grischkowsky,1990]。如图 6.2 所示的典型装置可以用于同时研究获得表面等离极化激元传输场的振幅和相位。由飞秒激光器输出的短脉冲光束由一个半透/半反射镜劈分到两个光路中。泵浦光脉冲沿着生成路径传输,在太赫兹发射器(由半导体衬底上的两个偏置电极组成)中产生光载流子,从而在电极之间产生电流浪涌(current surge),并产生太赫兹波辐射。另外,在检测光路中的脉冲光束用来在未加偏置的太赫兹接收器中产生光载流子,通过在上述两个光路间引入可变的光延时,即可能对太赫兹波信号进行采样。用边缘耦合或者孔径耦合可以方便地将自由空间太赫兹波的一部分能量转化为表面等离极化激元:利用这种耦合是由于脉冲集中在锋利边缘和表面等离极化激元传输结构之间的细小间隙里,其尺寸与太赫兹波长相当甚至更小($\lambda \approx 300\ \mu m, 1\ THz$)。尽管通常来说效率较低,在上述边缘的散射额外提供了相位匹配所需的波矢分量。

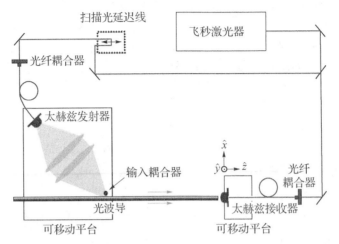

图 6.2 产生和检测宽频带太赫兹脉冲的典型装置。用波导结构和锋利边缘之间小间隙里的色散来实现与表面等离极化激元的输入耦合。经允许转载于 Nature[Wang 和 Mittleman, 2005]。迈克米兰出版公司 2004 年版权。

时域光谱技术可用于表征太赫兹表面等离极化激元在平面金属薄膜中的传输,验证了前面所述模式具有高度的非局域性。举例来说,人们已经验证了在大约 1 THz 左右的频率下,表面等离极化激元渗透到 Au 薄膜上方的空气介质内的距离达到了厘米量级[Saxler et al.,2004]。波在电介质里面的缓慢衰减并不仅仅是由传播常数 $\beta = k_0 n$ 造成的。除上述传播常数的原因,脉冲表面波的相速度与在自由空间中传播的激励波的相速度相同。因此,如果这两个波能够沿着界面耦合传播,它们的功率就能够相互传递,这令研究太赫兹表面等离极化激元的细节具有挑战性。另一项事实更验证了这点,那就是理论与实验研究都报道了太赫兹表面等离极化激元在薄 Al 片中传播时,空间幅度与衰减长度之间有 1～2 个数量级的差异[Jeon 和 Grischkowsky, 2006]。对前面所述事实的一个解释是由于自身的强非约束特性,很难激励出纯粹的索末菲尔德-惹奈克波。

除了平面薄膜结构外,诸如金属线之类的圆柱结构也能够有效地传导非局域的太赫兹表面等离极化激元。Wang 和 Mittleman 用了一个典型的时域光谱系统(图 6.2)研究了表面等离极化激元在细的不锈钢丝中的传播[Wang 和 Mittleman, 2005],并论证了这种简单的几何结构在太赫兹波导技术中具有潜在的用途。在该项研究中,他们确认了该波导的衰减系数为 $\alpha = 0.03\ cm^{-1}$,且传输模式为径向。如图 6.3 中所示,他们比较了两种模式分布,即一种是通过对钢丝周围的时域电场波形进行采样,而另一种是由索末菲理论(Sommerfeld theory)推导获得的[Goubau, 1950]。进一步的研究证实了由理论推导与实验分析获得的强度分布存在一致性[Wachter et al.,2005]。传播常数等于波矢($\beta = k_0$)的条件不仅仅使衰减系数降低,更使波群速度色散较低,这样从根本上让非失真脉冲能够传播。然而,传播模式的这种高度非局域性质也带来不好的结果,就是在波导弯曲处具有很大的辐射损耗[Jeon et al.,2005],或传输模式不规律性,限制了它的实际应用。

最近的研究表明,在太赫兹频段,局域化的等离激元也可以被激发。举例来说,微米量级的 Si 颗粒能够产生类似于第 5 章中提到的佛力施模式的偶极子等离子共振现象,由于 $\omega_p \propto \sqrt{n_e}$,因此共振频率与自由载流子浓度 n_e 有关[Nienhuys 和 Sundström,2005]。Chau 等人在有关太赫兹光辐射的增强传输的研究论文[Chau et al.,2005]中提到,在任意分布地大量金属颗粒的体系中也观察到了局域模式。我们将不再继续深入地讨论这点,因为局域化过程的物理本质与之前讨论过的可见光频段内的物理本质等同。

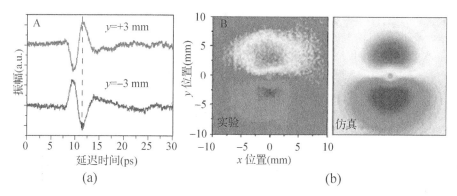

图 6.3　太赫兹表面等离极化激元在裸钢丝上传播。(a)在钢丝 3 mm 上方和下方的时域电场波形。(b)实验得到的和模拟分析得到的空间模式分布。模式的径向特性很明显。经允许转载于 **Nature**[**Wang 和 Mittleman,2005**]。迈克米兰出版公司 **2004 年版权**。

6.2　波纹表面上的人工表面等离极化激元

由于在太赫兹频段,金属的介电常数较大,表面等离极化激元在这个光谱频段呈现出强烈的非局域化。物理上,这是由于金属中的渗入场强可以忽略,即在表面等离极化激元模式的所有场能量中仅有很微小的一部分进入到导体中。而对于理想导体,内部场量为零,因而理想金属不能够支持电磁波的表面模式,也就不能产生表面等离极化激元。

然而,Pendry 等人已经证明类似于表面等离极化激元的束缚电磁表面波可以在理想导体中获得,只要在导体表面做周期性开槽处理[Pendry et al.,2004]。对于具有有限电导率的实际金属,这些人工或伪表面等离极化激元会极大地影响到非局域索末菲尔德-惹奈克波。如果开槽的尺寸和间距远小于波长 λ_0,那么表面的光子响应可以用等离子体形式的有效介质介电函数 $\varepsilon(\omega)$ 来描述,其中 ω_p 是由上述的几何参数决定。这样,表面模式的色散关系可以通过改变表面的形状来设计,这样就能够使 ω_p 为特定的频率。在有效介质模型中,要从物理上来理解表面波的建立,必须认识到表面结构的调整使得一个一般来说有限的场量能够渗透到有效表面层中,这与在可见光频段场量渗透到实际金属中相类似,进而都形成了受限的表面等离极化激元。具有亚波长结构的能够产生这种有效光子响应的材料也叫做超材料(metamaterial)。

可以证明对理想导体的平面表面结构进行任何的周期性调整,都能够形成束缚的表面态,这里我们给出两个较好的几何结构,这两个结构是由 García-Vidal 等人论证提出的[García-Vidal et al.,2005a],分别是一维凹槽阵列和二维孔阵列。相关研究方法与表面波模式研究的方法类似。需要注意的是在理想导体近似中所支持的模式频率决定了褶皱的几何尺寸。

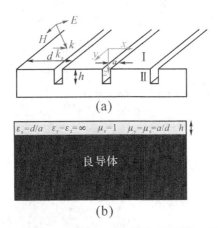

(a)

(b)

图 6.4 (a)一维凹槽阵列,宽度为 a,深度为 h,晶格常数为 d。(b)该结构的有效介质近似。经允许转载于[García-Vidal et al.,2005a]。美国物理联合会 2005 年版权。

图 6.4(a)显示了一维凹槽阵列的几何结构,宽为 a,深度为 h 的皱褶在理想导体表面的光栅常数为 d。修饰改造过的导体界面可产生传播常数为 $k_x = \beta$ 的表面模式,其色散关系 $\omega(k_x)$ 可以通过检测入射 TM 波的反射系数来计算获得。计算方法的理论根据是表面模式振动与反射率的改变相关,因为一点微小的激励都能够产生模式。至于计算反射率,表面上方的真空区域里的全部场可以写为入射场与衍射级为 n 的反射场的总和,而凹槽中的场可展开为基本的向前和向后传播的 TE 模式(TE 模传播的方向为垂直于表面的 z 方向)。基本的 TE 模的限制条件是 $\lambda_0 \gg a$,也就是说,凹槽的宽度要远小于自由空间波长。为了匹配电场和磁场的边界条件,衍射级为 n 的反射系数计算公式为

$$\rho_n = -\frac{2\mathrm{i}\tan(k_0 h) S_0 S_n k_0 / k_z}{1 - \mathrm{i}\tan(k_0 h) \sum_{n=-\infty}^{\infty} S_n^2 k_0 / k_z^{(n)}} \tag{6.1}$$

其中 $k_0 = \omega/c$,$k_z^{(n)} = \sqrt{k_0^2 - (k_x^{(n)})^2}$,$k_x^{(n)} = k_x + 2\pi n/d$,$n$ 代表衍射级。S_n 是 n 级平面波与基本 TE 模之间的重积分,计算式为

$$S_n = \sqrt{\frac{a}{d}} \frac{\sin(k_x^{(n)} a/2)}{k_x^{(n)} a/2} \tag{6.2}$$

这样表面模式的色散关系就由反射系数式(6.1)的极点决定。假设 $\lambda_0 \gg d$,这样只有系数为 ρ_0 的镜面反射级数需要考虑,再补充条件 $k_x > k_z$(因为我们只对限制在表面的模式感兴趣),那束缚态的色散关系就可以表示为

$$\frac{\sqrt{k_x^2 - k_0^2}}{k_0} = S_0^2 \tan k_0 h \tag{6.3}$$

上述关系成立的条件是 $\lambda_0 \gg a, d$(有效介质近似)。

由式(6.3)描述的激励与表面等离极化激元相类似,可以通过将它的色散关系与理想导体衬底上方高度 h 处的各向异性均匀介质(图 6.4(b))表面传播的电磁波色散关系联系起来。如果它的介电常数定义为上述图 6.4(b)的情形,$\varepsilon_x = d/a$,$\varepsilon_y = \varepsilon_z = \infty$,通过对

凹槽中光传播的直接分析就获得相应的磁导率为 $\mu_x=1$，$\mu_y=\mu_z=a/d$。用类似的方法来分析反射系数，这个各向异性结构的表面模式的色散关系为

$$\frac{\sqrt{k_x^2-k_0^2}}{k_0}=\frac{a}{d}\tan k_0 h \tag{6.4}$$

此式相当于式(6.3)中 $k_x a \ll 1$ 时的情形。

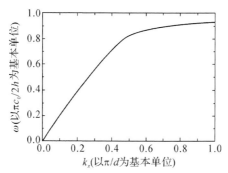

图 6.5　结构为凹槽阵列(图 6.4 所示)的类似于表面等离极化激元模式的色散关系，其中 $a/d=0.2$，$h=d$。经允许转载于[García-Vidal et al. , 2005a]。美国物理联合会 2005 年版权。

图 6.5 画出了式(6.4)的点线图，其中 $a/d=0.2$，$h=d$。可以看到，这个色散曲线与电介质和实际金属界面处的表面等离极化激元的色散曲线很相似。然而，这里的 ω_p 是由表面处的几何结构决定的：对于大的 k_x，角频率接近为 $\omega \rightarrow \pi c/2h$。为了从物理学角度解释这个表面模式的形成原因，我们注意到这个频率与在 $a/d \rightarrow 0$ 的极限条件下的基本凹槽内腔体波导模式的频率相关。由于沿着 z 轴方向向前和向后传播的模式间的相互作用产生了共振态。在各个凹槽中的局域模式间的耦合而形成了表面模式。

时域有限差分计算方法能够更精确地计算相关几何结构的人工表面等离激元的色散关系和模式分布。如图 6.6 绘出了理想导体存在的凹槽阵列结构中类表面等离极化激元表面波模式的色散关系(a)和模式场分布(b)，这里 $h=d=50$ μm，$a=10$ μm。该模式场分布也体现了在带边界 $k_x=\pi/d$ 处表面模式的电场分布，相关模式被高度约束在导体表面。我们发现只要 $a,b \ll \lambda_0$，准解析理论获得的结论就与时域有限差分计算的结果高度一致。

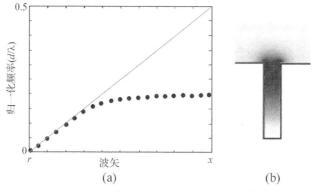

图 6.6　在 $h=d=50$ μm，$a=10$ μm 情况下，通过时域有限差分算法模拟的表面等离极化激元表面波模式的色散关系(a)以及电场在单个结构单元带边界上的电场分布(b)。

García-Vidal 等人研究的第二类结构是在平面薄膜中嵌入正方晶格方形孔洞阵列，孔洞边长为 a，晶格常数为 d（图 6.7）。该模型为孔洞深度为无限深的半无限结构，孔洞填入了相对介电常数为 ϵ_h 的零吸收介质。类似前文中的讨论，当在多孔表面上的入射 TM 极化波的反射率发生变化时就产生了表面模式。在长波长 $\lambda_0 \gg d$ 条件限制下，我们只需要考虑镜面反射，另外如果加上条件 $\lambda_0 \gg a$，孔洞中的基本（衰减的）本征模式就会占主体地位（其他的模式衰减较强），镜面反射系数 ρ_0 计算如下：

$$\rho_0 = \frac{k_0^2 S_0^2 - q_z k_z}{k_0^2 S_0^2 + q_z k_z} \tag{6.5}$$

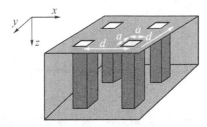

图 6.7　在半无限理想导体中的二维正方形晶格的方形孔洞，孔洞边长为 a，晶格常数为 d。经允许转载于［García-Vidal et al. ,2005a］。美国物理联合会 2005 年版权。

其中 $q_z = \sqrt{\epsilon_h k_0^2 - \pi^2/a^2}$ 是孔洞内部的基模传播常数，而 S_0 是基模与入射平面波的重积分，精确计算式为

$$S_0 = \frac{2\sqrt{2}\, a \sin(k_x a/2)}{\pi d k_x a/2} \tag{6.6}$$

通过检验 $k_x > k_z$ 下 ρ_0 的变化，可以计算得到类表面等离激元束缚模式的色散关系：

$$\frac{\sqrt{k_x^2 - k_0^2}}{k_0} = \frac{S_0^2 k_0}{\sqrt{\pi^2/a^2 - \epsilon_h k_0^2}} \tag{6.7}$$

类似对一维凹槽阵列的讨论，式（6.7）对应长波长条件 $k_x a \ll 1$ 下的均匀各向异性的半无限层。对反射率的分析可知在这个系统中，$\epsilon_z = \mu_z = \infty$，$\mu_x = \mu_y = S_0^2$，并有

$$\epsilon_x = \epsilon_y = \frac{\epsilon_h}{S_0^2}\left(1 - \frac{\pi^2 c_0^2}{a^2 \epsilon_h \omega^2}\right) \tag{6.8}$$

上式就是当有效等离子体频率为 $\omega_p = \pi c/\sqrt{\epsilon_h}\, a$ 时式（1.22）的形式。更进一步说，这就是一种理想金属波导的截止频率，金属波导中填充有相对介电常数为 ϵ_h 的材料，填充范围的矩形横截面边长为 a。如果低于这个频段，电磁场在孔洞中呈指数衰减，上述情形是维持表面态所必需的。

在上述有效介质与真空间界面处存在的表面模式的色散关系，可通过将式（6.8）代入到式（2.12）中来描述，即将垂直波矢分量 k_z 与界面两侧都关联起来。这样关系式整理得到

$$\frac{\sqrt{k_x^2 - k_0^2}}{k_0} = \frac{8a^2 k_0}{\pi^2 d^2 \sqrt{\pi^2/a^2 - \epsilon_h k_0^2}} \tag{6.9}$$

上式与 $k_x a \ll 1$ 时的式（6.7）相等。图 6.8 为式（6.9）的对应曲线，其中 $a/d = 0.6$，$\epsilon_h = 9$。孔洞的尺寸决定了对导波的约束能力，孔洞越小，色散关系就会越接近图中细线。

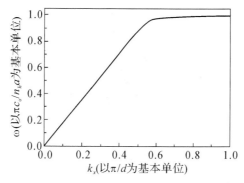

图 6.8　式(6.9)所对应的色散关系,它的模式是在孔洞的理想导体与真空之间的间隙中的类表面等离激元模式,其中 $a/d=0.6$, $\varepsilon_h=9$。经允许转载于[García-Vidal et al.,2005a]。美国物理联合会 2005 年版权。

式(6.9)的适用性可拓展到含有有限深度为 h 的孔洞的情形,即直接通过同时考虑孔洞中向前和向后的衰减模式来实现。这种情形的色散关系为

$$\frac{\sqrt{k_x^2-k_0^2}}{k_0}=\frac{8a^2k_0}{\pi^2d^2}\frac{1}{\sqrt{\pi^2/a^2-\varepsilon_hk_0^2}}\frac{1-\mathrm{e}^{-2|q_z|h}}{1+\mathrm{e}^{-2|q_z|h}} \tag{6.10}$$

其中 $q_z=\mathrm{i}\sqrt{\pi^2/a^2-\varepsilon_hk_0^2}$。对于深度 $h\to0$ 逐渐减小的情形,束缚模式会因 $k_x\to k_0$ 而消失,而对于深度趋于无穷大 $h\to\infty$ 的情形,式(6.10)可修正为式(6.9)。需要指出的是,由于介质响应的非局域化特点,在长波长区域需要对式(6.9)进行修正,而此处的色散关系基本与图 6.9 中的拟合直线吻合[de Abajo 和 Sáenz,2005]。然而,针对前面讨论过的一维凹槽结构,只要进行合适的有效介质近似,在长波长区域,式(6.9)的计算结果依然与时域有限差分模拟结果吻合较好。

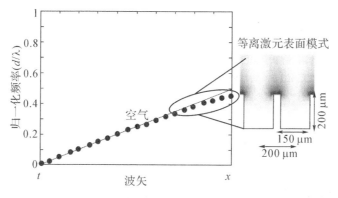

图 6.9　具有方形孔洞的理想导体的表面模式色散关系,其孔洞边长为 $a=150\ \mu\mathrm{m}$,深度为 $h=200\ \mu\mathrm{m}$,嵌入在正方形晶格中,晶格常数为 $d=200\ \mu\mathrm{m}$。在图的带边沿为电场分布。

除基本模式外,由于空腔谐振激励,在足够大的有限孔洞深度 h 条件下,在其中存在受束缚的低群速的表面波模式(类似于耦合腔模式),其频率高于孔洞内传播模式的截止频率 ω_p。这些模式会很深地渗入到孔洞阵列中[Qiu,2005]。

上述理论只有在 $\lambda_0\gg d$ 和 $\lambda_0\gg a$ 的条件下才适用,因为我们仅仅考虑孔洞中的最低阶模式。对于孔洞尺寸和晶格间距不满足有效介质近似的情况,在考虑孔洞中高阶模的

衰减和辐射损耗的同时,有限时域差分模拟可以方便地探究相应的色散关系。如图 6.9 就描述了具有方形孔洞的理想导体及其表面模式的色散关系和模式场分布,其中孔洞边长为 $a=150\ \mu m$,深度为 $h=200\ \mu m$,光栅常数为 $d=200\ \mu m$。

实际上不仅理想导体可以通过结构调整来实现金属界面上类等离激元表面态的色散关系。同样的,类似的结构设计对于实际金属也是有效的,可以实现增加模式向有效表面层的渗透来降低有效等离子体频率 ω_p。这样就有可能通过可控地改变类表面等离极化激元模式的折射率 $n_{spp}=k_xc/\omega_{sp}$,开辟创造出能实现一定器件功能性并支持类表面等离极化激元模式的表面结构,如波导或透镜。

Hibbens 等人在实验上论证了用周期性排列的空心方形铜管这种二维孔洞阵列可以在微波波段激励起预期的人工等离激元表面模式[Hibbins et al.,2005](图 6.10(a))。微波反射结构对角度依赖性的研究证实了表面模式确实存在,上述研究也使人们能够通过观察角度变化引起的折射率降低来确定表面模式色散关系(图 6.10(b)内嵌图)。在一维并且单元间距为 $2d$ 的圆柱棒层中,衍射耦合有所加强,还有助表面模式叠加进入到辐射区域。在图 6.10(b)中,在 $k_x=\pi/2d$ 处的标准形式(6.10)的色散关系通过表面模式的区域叠加有所变化。对应的模式(在棒阵列相关的第一级衍射线下方)很清楚地证实了上述特点。

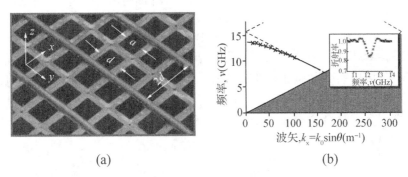

(a)　　　　　　　　　　(b)

图 6.10　(a)空心方形铜管二维阵列的照片,其中方形边长为 $d=9.525\ mm$,内边长 $a=6.960\ mm$,深度为 $h=45\ mm$,阵列上覆盖着用来产生衍射耦合和区域叠加的一维圆柱棒阵列。(b)通过由角度变化引起的折射率降低(见内嵌图)获得的表面模式的色散关系。经允许转载于[Hibbins et al.,2005]。美国科学促进会(AAAS)2005 年版权。

我们注意到除了平面导波,人工表面等离极化激元模式还能在孔洞阵列增强传输方面起到重要作用,其中孔洞尺寸小于传播模式的截止尺寸[Hibbins et al.,2006],将在第 8 章中更详细地讨论。

6.3　表面声子极化激元

在低频段,金属结构中电磁场的强局域性只能在波纹表面以人工等离激元的形式实现。在实现平面亚波长场尺度约束的同时,由于采用的是例如掺杂半导体的低载流子浓度导体材料,会发生因固有的材料吸收系数造成的强烈衰减。因此,我们将简要地介绍另一种能够实现场约束和场增强的方法,即特别适合于中红外频段的表面声子极化激元。

表面声子极化激元的产生是由于在红外频段电磁场与极性介质的晶格振动之间的耦合作用。该现象背后的物理意义在概念上与传输型表面等离激元和局域化表面等离激元类似,因而第 2 章和第 5 章中相关的公式在这里也是适用的。

　　我们举几个局域化表面极化声子和传播型表面极化声子的例子。图 6.11 为 3 个直径为 10 nm 的不同材料球体(SiC，Au，Ag)在佛力施共振频率下计算得到的电场增强情况的比较[Hillenbrand et al.，2002]。很明显，对于 SiC 球体，波长约为 $\lambda \approx 10\ \mu m$ 时的局域声子共振要远远强于贵金属球中的局域等离子共振，这是因为 SiC 球体中的衰减系数 $\text{Im}[\varepsilon]$ 在共振频率点处比 Au、Ag 更小。

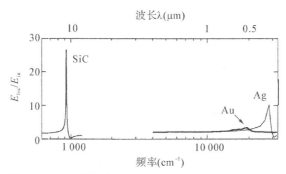

图 6.11　计算得到的 10 nm SiC 球体在式(5.8)定义的佛力施频率处计算得到的极化场增强，并与 Au 和 Ag 球体进行对比。经允许转载于 Nature[Hillenbrand et al.，2002]。迈克米兰出版公司 2002 年版权。

　　以声子为主体的光子学技术是在中红外频段实现亚波长能量局域化的有效途径，实现方式与在可见光和近红外频段的等离激元相同，并且可能在光波导中能量衰减更小和在谐振腔结构中场强可提高得更大。以局域共振探测为例，图 6.12 是一个由 Au 薄膜覆盖的 SiC 膜的表面形貌和近场光学图，近场成像中是采用 Pt 尖扫描相关表面结构，Pt 尖中辐射出中红外光线，进而通过探测散射光实现成像[Hillenbrand et al.，2002]。很明显，SiC 区域的光强与入射的中红外光波长密切相关，这是由于表面结构和铂尖探针之间存在有近场共振作用[Renger et al.，2005]。

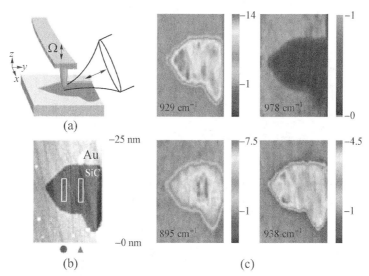

图 6.12　(a)为实验装置，(b,c)为由工作在中红外波段的无孔近场光学显微镜获得的 Au 膜包裹的 SiC 结构的成像。样品形貌为图(b)所示，近场图像为图(c)。中心的 SiC 结构在光学上与波长进行对比有很大的关系，这是因为在 929 cm⁻¹ 处表面结构与探尖有共振作用。经允许转载于 Nature[Hillenbrand et al.，2002]。迈克米兰出版公司 2002 年版权。

上述局部声子共振检测的技术还可以用于 SiC 薄膜上基于表面声子极化激元传播的近场光学成像[Huber et al.,2005]。Huber 等人的研究发现,传播型表面波是在 Au 薄膜层覆盖的边缘处耦合自由空间入射光实现激励的(图 6.13(a)所示)。表面倏逝波与探尖相互作用,导致远场散射并形成干涉图样(图 6.13(b)所示)。

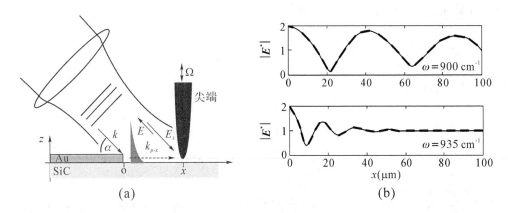

图 6.13　(a)通过边沿耦合激励的在 SiC 上传播的表面声子极化激元的近场成像实验装置。(b)计算得到的干涉图样与激励波长的关系图。经允许转载于[Huber et al.,2005]。美国物理联合会 2005 年版权。

采用相位敏感检测技术能够实现传播常数 β 和衰减长度 L 的测量,即通过对不同波长条件下图像强度对比度的周期性变化来完成检测,如图 6.14。上述研究中,传播距离范围在 30 μm$\leqslant L \leqslant$200 μm 已有验证,而不同的是场的约束程度。小的表面形貌变化也可以用来调整波的传播[Ocelic 和 Hillenbrand,2004]。

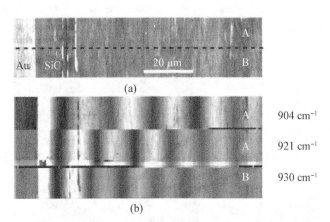

图 6.14　(a)为表面形貌,(b)为用图 6.13 装置获得的表面声子极化激元传播的近场光学成像。经允许转载于[Huber et al.,2005]。美国物理联合会 2005 年版权。

总之,在这些有前景的研究后,借鉴在可见光频段的等离激元光子学的技术概念,可以预期其也能成功地应用于中红外频段中的声子激发。

第二部分

等离激元学应用

　　具备了充足的背景知识后,本书的第 2 部分将介绍等离激元学的 5 个重要的研究领域。我们首先综述了人们为了控制表面等离极化激元的传播所做出的各种尝试。等离激元波导有望成为全新的、高度集成的光子学基本结构,可能缩小光子器件与电子器件的尺寸差距。通过等离激元激励来控制光在亚波长孔洞的透射,同样是一个激动人心的研究领域,自 1998 年研究人员首次描述了光在遇到孔洞阵列时发生的透射增强,这一课题就推动了大量的研究。这一部分的前两章描述了金属纳米结构周围的高度局域场如何导致位于热点中分子发射的显著增强,以及局域模式光谱的不同分析方法。章节中也对用表面等离激元实现生物传感和标记作了简要讨论。在最后,我们简要介绍了金属超结构的场,以及亚波长尺寸的人工结构,这些结构具有一些异常光学现象,例如人工磁化,或负折射率。

第7章 等离激元波导

表面等离极化激元(surface plasmon polaritons,SPP)的基本原理在第 2 章里已有相关阐释,接下来我们继续利用一些例子讨论其在波导中传输的控制问题。约束与损耗之间的权衡需要选择一个恰当的几何参数,所选参数尺度过大,能量将会被转移。例如,在近红外频率下,嵌在均匀电介质中的薄金属平板可以传导表面等离极化激元至数厘米的距离,但其相关的电磁场在垂直方向仅受到微小的约束。相反,金属纳米线或纳米颗粒波导可将横向模式约束在小于衍射极限的范围内,但会有较大的衰减损耗,导致传输长度将大约只有几微米或更低。

表面等离极化激元在平面界面上的传播路径可以通过表面调制方式局部改变其色散特性获得,该部分的内容将在本章的前 2 节论述。我们主要研究金属条和金属线波导的横向约束及在圆锥形结构中表面等离激元的聚焦。与金属条带波导结构相反,即:金属/绝缘体/金属三明治结构波导,也显示出较好的能量约束和可观的传输距离,尤其是在V 型槽结构中更为明显。然后,介绍了金属纳米颗粒的局域等离激元波导模式,因为在线形链中,相邻颗粒之间的近场耦合可以实现能量传输。本章结尾部分介绍了目前利用光学增益介质作为波导主体材料来降低能量衰减的最新研究成果。

7.1 用于表面等离极化激元传输的平面元件

表面等离极化激元在金属薄膜与介质层(空气或绝缘体)分界面上的传播方向可以通过二维波在另一平面薄膜的局部缺陷处的传输散射来控制。散射结构形式可以为表面起伏,如:纳米颗粒结构、薄膜上的孔洞结构。上述结构的控制能力可实现部分功能元件,如用于反射等离极化激元的布拉格镜(Bragg mirrors)[Ditlbacher et al.,2002b]、用于增强横向约束的聚焦元件[Yin et al.,2005,Liu et al.,2005]。类似地我们就可以制备用于表面等离激元导波的平面二维光子结构。

Ditlbacher 等人通过高度调制散射来实现表面等离极化激元的传播控制[Ditlbacher et al.,2002b],简单而且有效。利用电子束光刻和化学气相沉积,我们可以在 SiO_2 衬底上制备 SiO_2 纳米结构(如纳米颗粒和纳米线),高度为 70 nm,薄膜上可以继续沉积厚度为 70 nm 的 Ag 膜(图 7.1)。为了激发表面等离极化激元,我们可以利用激光束(波长 $\lambda_0 = 750$ nm 的钛蓝宝石激光器)在类纳米线缺陷处的散射实现相位匹配(详见第 3 章)。在薄膜上涂覆一层含有荧光染料的聚合物可用于监测表面等离极化激元的传播路径(见第 4 章)。这也可以用于估计出表面等离极化激元在 Ag/聚合物薄膜中的 $1/e$ 传播距离,大约为 10 μm。

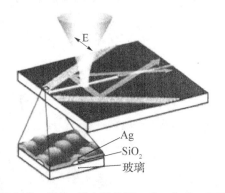

图 7.1　SPPs 在经表面调制的二维 Ag 膜上的传播。为了相位匹配聚焦于一个纳米线或纳米颗粒缺陷的激光束作为 SPPs 的局部源。显微图像显示：布拉格反射器包括均匀间隔的直线和颗粒状的起伏（图 7.2）。经允许转载于[**Ditlbacher et al.，2002b**]。美国物理联合会 2002 年版权。

图 7.2 所示的即为基于上述原理的布拉格反射器（Bragg reflector），布拉格反射器由相互平行的颗粒线组成，颗粒直径为 140 nm。颗粒线阵列的行间距为 350 nm（如图 7.2(a)所示），满足布拉格条件，此时表面等离极化激元以 60°倾角撞击颗粒阵列，就形成了表面等离极化激元波的镜面反射（图 7.2(b)是其荧光图像）。在这种情况下，由 5 条颗粒线组成的布拉格反射镜的反射系数大约是 90%，而剩余部分则以辐射形式从表面散射。这个研究表明：用于表面等离极化激元传播的平面无源光学元件可以利用简单的方法制作。另外，表面等离极化激元的横向宽度可以通过外延布拉格反射镜来实现控制，即制备有带隙的表面等离激元光子晶体来实现对指定波段的传输。

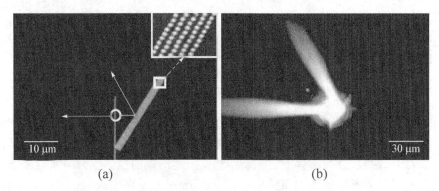

图 7.2　(a)金属膜基底上表面等离极化激元布拉格反射器（由整齐的颗粒阵列组成）的扫描电子显微镜图像。**(b)**通过监测荧光覆盖层的发射实现表面等离极化激元传输成像。经允许转载于[**Ditlbacher et al.，2002b**]。美国物理联合会 2002 年版权。

另一种控制单金属界面上 SPP 传播的方法是通过在薄膜上沉积介质纳米结构来调整 SPP 色散，进而调整相速度[Hohenau et al.，2005b]，此法类似于在自由空间内利用如透镜一类的介质元件控制光束传输。图 7.3 给出了调整介电常数 ε_3 时，SPPs 在如玻璃/Au/覆盖层多层系统中对两种 s 模（两金属界面上同相磁场）和 a 模（两金属界面上异相磁场）下的色散关系。很明显，随着 ε_3 的增加，SPP 波矢不断增加，如第 2 章所述。这表明在金属薄膜表面加上介质结构后，传输波的相速度会局部下降。通过调整电介质起伏的几何形状可以调整相速度的下降范围，所以制作出用于 SPP 传输的光学元件（如透镜和波导）是可行的，尽管金属表面模式的强束缚增加了损耗。

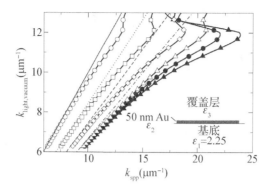

图 7.3 玻璃/Au/覆盖层三层系统中,SPPs 在两种 s 模式(空心符号)和 a 模式(实心符号)的色散计算。随着覆盖层的介电常数 ε_3 从 $\varepsilon_3=1$(圆形符号)增加到 $\varepsilon_3=2.25$(三角符号),SPP 的传播常数增加,相速度降低。$\varepsilon_1=\varepsilon_3$ 时,这两种模式将转化为对称模式(s 模式)或非对称模式(a 模式)。经允许转载于[Hohenau et al.,2005b]。美国光学学会 2005 年版权。

图 7.4 表明,基于上述,类似传统自由空间光学中三维光学元件,我们可以使用圆柱形或三角形颗粒获得 SPPs 的聚焦(a,b,c)和折射/反射(d,e,f)。

Hohenau 等人使用浸油物镜激发 SPPs,图 7.4(a)、(b)、(d)、(e)是通过泄漏辐射观察到的 SPP 传播,图 7.4(c)、(f)则是利用近场光学显微镜观察到的 SPP 传播。

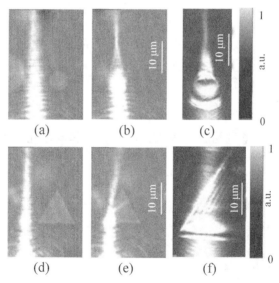

图 7.4 沉积在 Au 薄膜上的 40 nm 厚的圆柱形或三角形介电结构的 SPPs 聚焦(上)及反射与折射(下)。泄漏辐射图像(a,b,d,e)和光学近场图像(e,f)清晰显示了 SPPs 撞击电介质结构的 SPP 传播(b,c,e,f)。经允许转载于[Hohenau et al.,2005b]。美国光学学会 2005 年版权。

同理也适用于创建介质波导 SPP 模拟,模拟是通过创建相速度衰减的一维区域来实现,并可利用 Au 层上的一维聚合物纳米结构加以验证[Smolyaninov et al.,2005]。

在本节最后,我们将介绍使用孔洞和凹槽实现 SPPs 传输聚焦的最新研究,而孔洞和凹槽是直接制备在金属薄膜上。图 7.5 显示了 SPPs 之间的相长干涉如何在圆弧中心产生聚焦光斑,局部激发的 SPPs 可以利用光照射 Ag 膜(50 nm)上 1/4 圆弧(半径为 5 μm)范围内 19 个孔洞阵列实现(200 nm)[Yin et al.,2005]。作为应用,Yin 等人基于上述聚焦原理将 SPPs 耦合进了 250 nm 宽的条带波导(见图 7.5(a)和(b))。

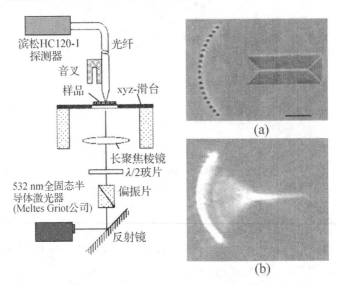

图 7.5. 用于多孔金属薄膜聚焦的激发和近场成像实验装置(左图)。图(a)和(b)分别是纳米孔聚焦阵列的扫描电子显微镜图像和近场光学图像。纳米孔聚焦阵列与发射的 SPPs 耦合成一个 250 nm 宽的 Ag 条带波导。经允许转载于[Yin et al., 2005]。美国化学学会 2005 年版权。

　　SPPs 的激发和聚焦亦可以利用金属薄膜上的圆形或椭圆形亚波长狭缝实现[Liu et al., 2005]。这种情况下,圆形狭缝边沿充当其被照射时的一个 SPPs 激发源。在激发电场沿狭缝垂直偏振的区域中,SPPs 将沿着指向圆心方向发射和聚焦。此过程的非共振特性使这种方案适合于在整个可见光谱不同频率下激发的 SPPs 聚焦,但效率较低。图 7.6(a)显示了 150 nm 厚 Ag 膜上半径为 14 μm,宽为 280 nm 的圆形狭缝结构的 SPP 聚焦,近场光学显微镜记录了线偏振光激发的近场图形。显然,只有圆的两个相对区域可作为 SPP 源,相对区域的电场沿狭缝垂直方向偏振。非偏振光照射可使整个圆周产生 SPP,图 7.6 所示的是刻入 70 nm 厚 Al 膜的一个椭圆(长轴为 4 μm,短轴为 70 nm)。在这种情况下,可以通过光刻胶层的曝光记录近场光学图形。

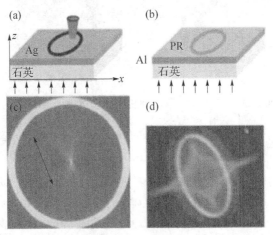

图 7.6 利用金属薄膜上圆形或椭圆形狭缝实现 SPPs 的产生与聚焦。SPP 强度可以利用近场显微镜监测(图(a),(c)),也可以利用光刻胶层的曝光监测(图(b),(d))。经允许转载于[Liu et al., 2005]。美国化学学会 2005 年版权。

可以预见,上述功能元件的组合可使平面光子集成电路工作在可见光或近红外波段,传输距离接近 100 μm。

7.2 表面等离极化激元带隙结构

本文中的布拉格反射器是由周期性分布的纳米金属颗粒组成,如图 7.1 和图 7.2 所示。通过布拉格反射器在金属薄膜上的反射 SPPs 的观念可以扩展到带隙的创建。带隙是用于表面等离极化激元传播的,由沉积在金属薄膜表面的均匀金属晶格构成。Bozhevolnyi 等人发现 Au 薄膜上的一个三角晶格上的晶格点可以建立一个用于 SPP 传播的带隙[Bozhevolnyi et al. , 2001]。图 7.7 所示便是这种结构的一个例子,图示是一个 40 nm 厚 Au 薄膜上的金散射器的一个三角形黄金晶格。这种情况下,晶格常数为 900 nm,散射光的宽为 378 nm,高为 100 nm,从而在通信窗口(波长 λ ≈ 1.5 μm)形成一个带隙[Marquart et al. , 2005]。SPPs(利用连接薄膜平面部分的棱镜激发)在这种结构中的穿透现象可以利用近场光学显微镜监测。例如:图(b)和图(c)是两个不同波长的近场图像。因此,可以通过确定表面波在晶格结构中的渗透距离来确定给定 SPPs 方向的带隙。

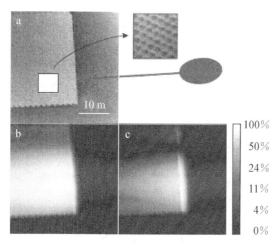

图 7.7 35 μm×35 μm SPP 带隙结构的表面形貌(a)和近场光学图像(b)、(c),该带隙结构是 40 nm厚 Au 薄膜上一个 900 nm 的三角形晶格,该晶格是由宽 378 nm、高 100 nm 的 Au 点组成。通过 1 500 nm波长(b)或 1 600 nm(c)波长辐射的棱镜耦合激发的 SPPs 从右边按 ΓK 方向传入晶格结构。如果其频率在带隙内,SPPs 会强烈衰减。经允许转载于[Marquart et al. , 2005]。美国光学学会 2005 年版权。

这种观念在波导中的应用是显而易见的:通过创建微米宽的线缺陷(即移除部分作为散射器的三角形晶格),SPPs 被横向约束在沟道波导中,类似于平面介质光子晶体。图 7.8 显示了 SPPs(棱镜耦合激发,$\lambda_0 = 1\,550$ nm)在一个三角形晶格的一个沟道缺陷波导中传导的近场光学图像,三角形晶格中 Au 点的间距周期为 950 nm。这种情况下需要注意在沟道弯头处,部分 SPP 泄漏进入周围的晶格中,这是因为束缚布里渊区中不同方向的带隙不重叠。基于这个原理,通过沟道宽度确定侧向约束与真空中波长有关,金属/电介质系统各平界面传导 SPP 波的 $1/e$ 衰减长度和调制长度相当。

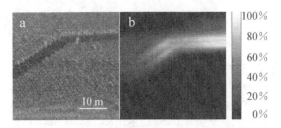

图 7.8　Au 膜上由 438 nm 宽、80 nm 高的散射器组成的三角形晶格中的沟道缺陷波导(channel defect waveguide)的表面形貌图像(a)和近场光学图像(b)。图像显示:一个从右边激发的 SPP($\lambda_0 = 1\,515$ nm)通过沟道传播。经允许转载于[Marquart et al., 2005]。美国光学学会 2005 年版权。

7.3　沿金属条带的表面等离极化激元传播

本章讨论多层结构及其在波导的应用。本节提出了一种较为简单的具备侧向约束的 SPPs 波导,同第 2 章所述的绝缘体/金属/绝缘体多层系统的原理相近,即包含一个夹在两个厚介质包层的细金属条(图 2.5)。显然,由于中间金属层(厚度是 t)足够薄,其底部和顶部界面的 SPPs 之间相互作用,产生了模式耦合。在具有相同介质基底和覆盖层的对称系统中,模式是明确对称的,奇数模(见第 2 章)显现出非常有意思的性质,即随着金属层厚度的下降,衰减会大大降低。如前所述,这是由模约束的弱化造成的,当在均匀介质($t \to 0$)中传播时,奇数模转化为 TEM 模。

第 2 章中引入了具有无限宽度 w 的多层结构,在这部分我们将介绍沿有限宽度金属条传导的 SPP 耦合模式。对于波导横截面满足 $w/t \gg 1$ 条件且垂直方向尺寸 t 为亚波长的情况(见图 7.9),我们不做讨论。下一节将介绍纳米线波导($w < \lambda_0$)。如第 2 章中所述,长程(long-ranging)SPP 模式存在于无限宽结构,也适用于有限适宜宽度 w 的条带结构,这也是其在波导中的应用得到广泛关注的原因。

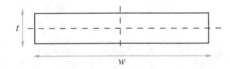

图 7.9　有限宽度的金属条带波导的横截面,图中虚线表示对称面。

Berini 从理论上研究了嵌入在均匀介质中的细金属条带结构的束缚模式[Berini, 2000]。两个基本模式为反向对称,上述模式是无边限系统中占主体的两个耦合模式,Berini 的研究全面分析了上述结构中不同的高阶束缚模式。束缚模式用两个字母(t, w)来区分垂直条带边界的对称模式电场分量,图 7.9 中的虚线为对称轴,用数字表示条纹宽度内的场节点数量。符号 ss_b^0 表示需要关注的基本束缚模式。这非常类似于无限宽对称结构中的奇束缚模式(用符号 s_b 而不是 a_b,出于对系统对称性的不同分类习惯,即考虑到垂直条纹边界的电场分量或平行于传导方向的电场分量,详见第 2 章所述)。

图 7.10 所示为真空条件下,入射光波长 $\lambda_0 = 633$ nm 时,具有对称基底($\varepsilon = 4$)的 Ag 条带(宽 $w = 1\ \mu m$,厚度为 t)结构中前四阶模的色散关系,图中伴随有无限宽多层结构的 s_b 和 a_b 的计算结果。图 7.10(a)显示了传播常数 β 的实部变化,图 7.10(b)显示了 β 的

虚部变化,计算结果反映了耦合 SPP 波的衰减。虽然我们不详细描述模的变化,但需要注意基模 ss_b^0,它的变化被认为与无限结构的长程模式 s_b 类似。这个模没有截止厚度,且随条纹厚度下降,其衰减程度会降低很多数量级。类似于无限宽平板结构 [Sarid,1981],上述模式被称为条带型长程 SPP 模式。

在第 2 章中介绍了无限宽金属平板波导的长程模式之后,随着薄膜厚度的减小,长程模式衰减程度下降,约束也随之减弱,当条带厚度持续下降为零时,模式转化为介质中的 TEM 模式:由于模式约束(定义为条带传输的模能量与总模能量的比值)随着条带厚度变薄而下降,模式会在介质中扩散超过多个波长距离。当宽度小于 λ_0 时,约束程度更差。从加强约束与提高集成度的角度看,绝缘体/金属/绝缘体波导很明显不是合适的结构选择 [Zia et al.,2005c]。

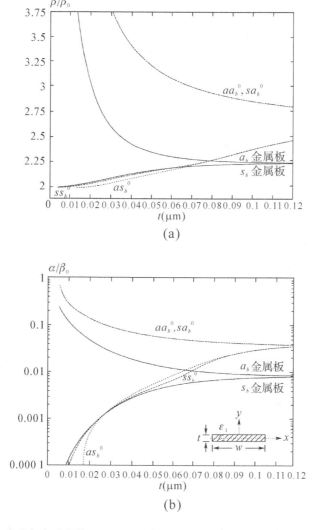

图 7.10　嵌入在均匀介质中的 1 μm 宽 Ag 条纹的前四个模的传播常数变化规律(介电常数 $\varepsilon=4$,真空波长 $\lambda_0=633$ nm 波长中激发)。也显示了无限宽界面(符号标注和金属板的一样)的对称与反对称模。其中(a)是规范化相位常数,(b)是规范化衰减常数。经允许转载于 [Berini,1999]。美国光学学会 1999 年版权。

Berini 详细分析了长程模式与宽度 w、基底的介电常数和激发波长的关系[Berini,2000]。在后续工作中,他分析了嵌入在非对称结构中的条带,结果显示此情况下不存在长程模式,其原因是金属/绝缘体的两个不同界面上 SPPs 之间的相位不匹配[Berini,2001]。

长程模式的特性可以很好地说明等离激元波导局域化与损耗之间权衡的一般原则,这将贯穿本章。金属界面的紧密场局域化表明总模能量中的一大部分存留于金属本身,由于存在欧姆效应,传播损耗会增大。因此,正如我们将看到的,具有亚波长模式约束的电磁能量的传播长度一般是微米或亚微米尺度。在近红外区由于薄膜厚度下降至 20 nm 量级造成的低约束,金属条带上的长程 SPP 模式的 $1/e$ 衰减长度接近 1 cm。

从应用的角度看,长程模式显示出更多优良特性,具有较小厚度 t 的条带上的长程模式的空间场分布呈类高斯分布(Gaussian-like lateral distribution)[Berini,2000]。图 7.11(a)给出了 100 nm 厚条带上的坡印廷矢量的实部空间分布,图 7.11(b)给出的是 40 nm 厚条带坡印廷矢量的实部空间分布。对于较厚的条带,大部分能量沿边沿传导(图 7.11(a));对于薄条带,通过空间模匹配,其坡印廷矢量的高斯分布特点使端面激励耦合可高效实现。

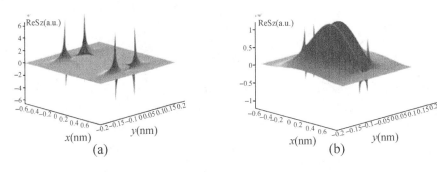

(a)　　　　　　　　　　　　　　　(b)

图 7.11　Ag 条纹的远程模 ss_b^0 的坡印廷矢量实部的空间分布($\lambda_0 = 633$ nm,$w = 1$ μm,$t = 100$ nm (a),$t = 40$ nm(b)),且小厚度条纹的模式空间轮廓的侧面呈类高斯分布。经允许转载于[Berini,1999]。美国光学学会 1999 年版权。

最先得到论证的是嵌入在玻璃基底中 Au 条带($t = 20$ nm,$w = 8$ μm)的长程模式,实验结果显示其传播距离超过数毫米[Charbonneau et al.,2000]。对其传播特点也有更多的定量研究。经实验验证:嵌在聚合物基底中的具有同样宽度的 10 nm 厚 Au 条纹在入射光波长为 $\lambda_0 = 1\,550$ nm 情况下,其传播损耗仅有 6 dB/cm～8 dB/cm[Nikolajsen et al.,2004a]。同样,沿亚波长纳米线的长程 SPP 传播也已经被观测到[Leosson et al.,2006],其模式场略微渗透入均匀介质基底,这和预料的一样。

条带波导具有长的传输距离和微米级宽度,促进了实用化光学元件的产生,如光学弯曲与光学耦合器[Charbonneau et al.,2005],直接刻在波导上的布拉格反射镜[Jette-Charbonneau et al.,2005],可监测欧姆效应热产生的集成能量监测器[Bozhevolnyi et al.,2005a]。另外,相关的有源开关和调制器也已得到实验论证[Nikolajsen et al.,2004b]。当然,上述波导的商业应用仍需更进一步的研究投入。

另一种较为重要的条带波导结构如下:空气中的介质基底上制备有条带金属膜层。

基底与覆盖层之间存在较大的介质系数不对称,此种结构中故没有长程模式。
Lamprecht 等人已经对这种结构的传播长度进行了全面的研究,发现 SPP 在 $t=70$ nm,
$1{\leqslant}w{\leqslant}54$ μm 的 Au 条带和 Ag 条带上能够实现传播[Lamprecht et al., 2001]。在金
属/空气上界面的 SPPs 是利用具有屏蔽层的棱镜耦合装置激发,屏蔽层的作用是为了防
止沿条带纵向直接激发 SPPs(图 7.12),另外通过搜集表面微起伏处的散射光可监测
SPP 的传播。当条带宽度与激发波长相近时,传播长度会随着条纹宽度的下降而急剧下
降(见图 7.13 的数据)。

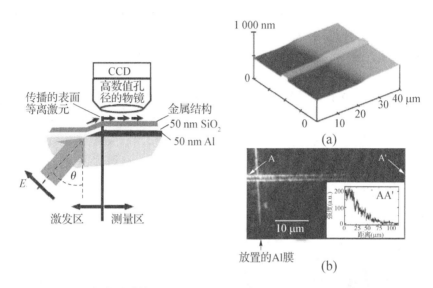

图 7.12　泄漏 SPPs 激发的棱镜耦合装置,SPPs 沿薄金属条纹传播,如左图所示。Al 膜屏蔽条纹
以防止 SPPs 沿条纹长方向激发。图(a)显示的是 3 μm 宽条纹的 AFM 图像。图(b)显示了 $\lambda_0=$
633 nm 激发的 SPP 传播的散射光图像。经允许转载于[Lamprecht et al., 2001]。美国物理联合会
2001 年版权。

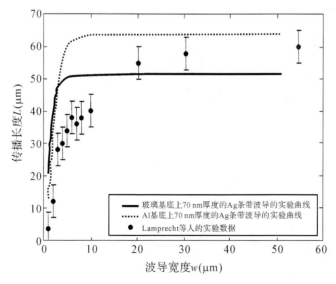

图 7.13　最低次磁带状泄漏模式的数字建模(曲线)及 SPP 在薄 Ag 条带中传播长度的实验结
果(数据点)对比。经允许转载于[Zia et al., 2005b]。美国物理学会 2005 年版权。

SPPs 在上述条带波导中的传播距离比嵌在均匀介质中条带波导的传播距离小,另外如第 3 章中所述,利用棱镜耦合在金属/空气界面激发的是固有泄漏模式(leaky modes)。引起传播模衰减的原因是吸收和向高折射系数覆盖层的二次辐射。条带模式在均匀介质中端面激励还可以激发完全系统束缚模式。

Zia 等人采用全矢量磁限差分法求解了棱镜耦合激发实验中沿金属条带传播的 SPPs 一阶模式和高阶泄漏模式[Zia et al.,2005b]。Lamprecht 等人研究认为当考虑屏蔽层时,针对准 TM 最低次泄漏模式的传播长度,其计算结果和实验结果一致,如图 7.13 所示[Lamprecht et al.,2001]。图 7.14 给出了不同宽度下 Au 条带上一次和高次准 TM 泄漏模式剖面的计算结果,同时也给出了条带上方近场强度剖面的横截面曲线。Weeber 等人发现光强的数值模拟结果与利用棱镜耦合进行的近场光学实验研究结果较为吻合,其中近场信息由有孔光纤尖端搜集[Weeber et al.,2003]。图 7.15 为高55 nm,宽 3.5 μm 或 2.5 μm Au 条带的形貌图和其上方的近场光学图像,图像清晰地反映了传播中的 SPP 波纹。近场强度分布的横截面(图 7.16)与电场分布计算结果(图 7.14 中的第三行)相似。在这个研究中,用于搜集场强信息的有孔光纤尖端镀有 Cr 膜(在激发频率下的导电性可以忽略),聚集近场图像确实如期望一般和图 7.14 中第三行所示的电场分布一致。

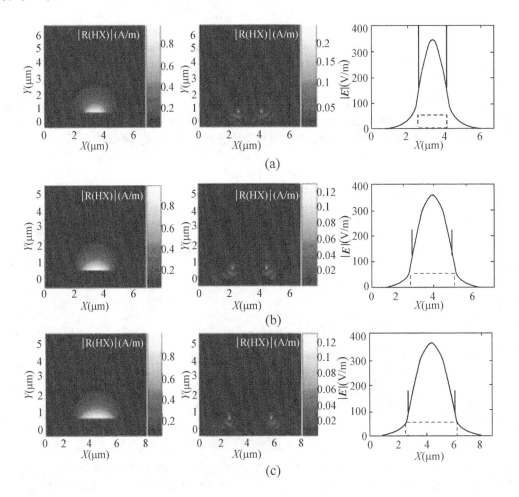

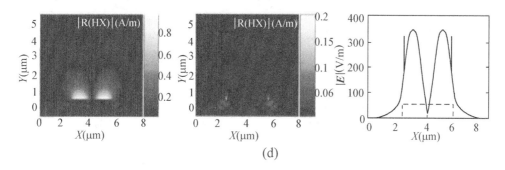

(d)

图 7.14　Au 条纹波导($t=55$ nm，$\lambda_0=800$ nm)的泄漏磁带状 SPP 模的横磁场剖面(第一列和第二列)和电场强度(第三列)，图(a)中 $w=1.5$ μm(单一最低次模)，图(b)中 $w=2.5$ μm(单一最低次模)，图(c)中 $w=3.5$ μm(单一最低次模)，图(d)中 $w=3.5$ μm(二次模)。经允许转载于[Zia et al.，2005b]。美国物理学会 2005 年版权。

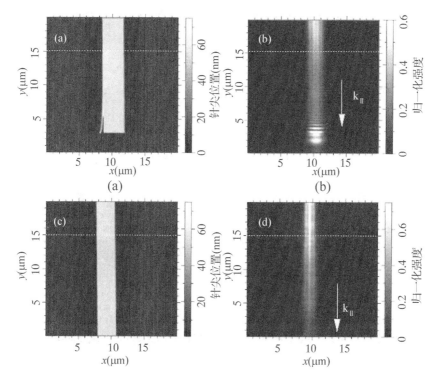

图 7.15　高 55 nm，宽 3.5 μm(a,b)或 2.5 μm(c,d)Au 条纹的 AFM(a,c)和近场光学图像(b,d)。经允许转载于[Weeber et al.，2003]。美国物理学会 2003 年版权。

除了用于解释观察到的近场分布及通过棱镜耦合激发的泄漏模式外，上述的数值模拟的另一项重要成果就是得知条带宽度存在一个下限，即如果宽度低于下限，结构中就不存在传播泄漏模式。该数值模拟的结果又进一步被 SPP 条带波导中的内在介质波导模式所佐证[Zia et al.，2005a]。研究显示若通过 SPP 色散关系计算出有效折射率 n_{eff} $\left(n_{eff}=\dfrac{\beta}{k_0}\right)$，介质波导的已有理论[Saleh 和 Teich，1991]就可以应用于 SPP 波导。这表明 SPP 条带波导的横向尺寸必须遵守衍射极限(diffraction limit)$\Delta x \geqslant \dfrac{\lambda_0}{2n_{eff}}$，限制了横向

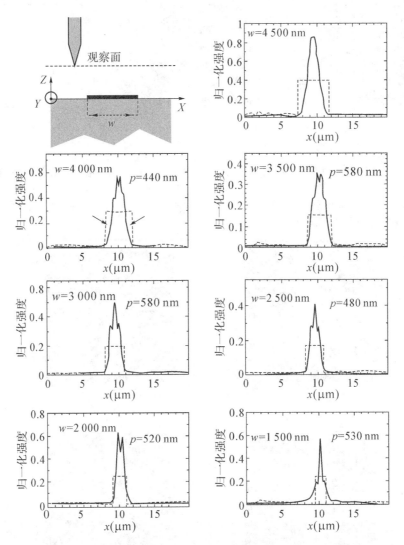

图 7.16   不同条纹宽度 w 情况下近场强度的横截面(见图 7.15)。p 表示两定点之间的距离。且与计算结果剖面(图 7.13 中第三列)进行对比。经允许转载于[Weeber et al.，2003]。美国物理学会 2003 年版权。

束缚程度,进而降低了波导的集成度。虽然如此,仍然有众多团队已经证明了 SPP 沿纳米线传播有巨大横向约束,但条带波导横向束缚的极限需要进一步的确定。

和前面讨论的长程 SPP 波导一样,可以直接放置在金属波导上面的功能元件实物也开始出现了,如布拉格镜[Weeber et al.，2004],或用于普通的 SPP 场聚焦的三角形端子[Weeber et al.，2001]。SPP 条带波导与传统 Si 基波导的集成已经得到验证[Hochberg et al.，1985],目前也已经有人提出利用 SPP 条带波导实现在锐弯处与 Si 基波导的耦合,并传输能量。

7.4   用于强束缚条件下导波和聚焦的金属纳米线及纳米锥

事实上,利用波矢的横向分量与相应的横向空间坐标的不确定关系,我们可得知横截面积远小于导波波长 λ 的平方时,金属波导的横模束缚小于衍射极限[Takahara et al.,1997]。此时一个问题摆在了面前:沿介质波导中心传导的波模大小为什么受限于衍射? 对于沿 z 轴方向的传播,传播常数 β、波矢横向分量 k_x,k_y 及传导辐射频率 ω 之间的关系如式(7.1)所示:

$$\beta^2 + k_x^2 + k_y^2 = \varepsilon_{core}\frac{\omega^2}{c^2} \tag{7.1}$$

当介质波导中 $\varepsilon_{core} > 0$,且 k_x,k_y 为实数时,由式(7.1)可知: $\beta,k_x,k_y \leqslant (\omega\sqrt{\varepsilon_{core}})/c = 2\pi n_{core}/\lambda_0$。根据波矢和空间坐标的不确定关系,上述三维(three-dimensional)光波的模尺寸就会被芯层介质中的有效波长限定:

$$d_x,d_y \geqslant \frac{\lambda_0}{2n_{core}} \tag{7.2}$$

但是,若芯层介质为金属性,此时 $\varepsilon_{core} < 0$(由于衰减而忽略)。为了满足式(7.1),波矢的横向分量 k_x,k_y 中的一个或两个必须是虚数,且对应的导波分别是二维或一维的。这种情况下,就不能用关系式(7.2),模的大小可以小于介质覆盖层的衍射极限。如第2章所述,若考虑金属本身的模能量,就可预知有效模区域(effective mode area)也应低于衍射极限。如前面长程 SPP 模讨论中指出的一样,亚波长横截面的金属传导结构也不必满足这么高的模式约束。

金属纳米线波导(本质与前面讨论的介质基底上的金属条带波导一样)具有亚波长宽度,确实为在棱镜耦合结构中激发 SPPs 的泄漏模式传播提供了证据,检测方法是利用传统的光学显微镜[Dickson 和 Lyon,2000]和聚集模近场光学显微镜[Krenn et al.,2002]记录平面传导波。为了说明这种结构的传导性能,图 7.17 给出了 20 μm 长的 Au 纳米线($w = 200$ μm, $t = 50$ nm)的表面形貌(a)和近场光学图像(b)[Krenn et al.,2002]。利用图 7.12 描述的棱镜耦合激发方式,在金属纳米线上实现了泄漏 SPP 模式的激发($\lambda_0 = 800$ nm)。纳米线上方聚集的近场强度显示了沿纳米线中轴传递的电磁能。图 7.18(a)给出了沿金属线轴线(图中实线)的近场强度横截面,满足指数衰减,衰减常数 $L = 2.5$ μm(图中虚线)。推导出的 SPP 传播长度明显比微米量级的条带波导中的要短,这与图 7.13 所示的传播长度急剧下降相符[Lamprecht et al.,2001]。如果缩短金属丝的长度,近场强度呈现振荡态,驻波的原因是 SPPs 在末端面的反射(图 7.18(a)内嵌图)。为了判断横向约束,图 7.18(b)给出了垂直于金属纳米线轴线的近场光学强度横截面,显然,金属纳米线周围的场从本质上可认为是其内部场的局域化。

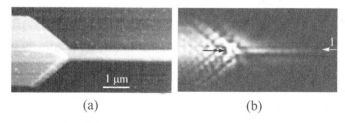

(a)　　　　　　　　　(b)

图 7.17　20 μm 长 Au 纳米线($w = 200$ nm, $\lambda_0 = 800$ nm)的表面形貌(a)和近场光学强度 (b) 图像。其中的箭头表示了图 7.18 的数据截取位置。经允许转载于[Krenn et al.,2002]。美国物理联合会 2002 年版权。

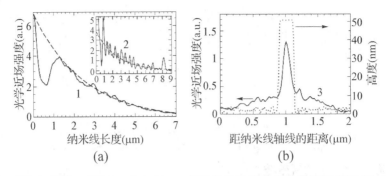

图 7.18　图(a),曲线 1:沿图 7.17 中 20 μm 长纳米线轴线的光学近场强度(实线)满足衰减常数为 $L=2.5$ μm 的指数衰减(虚线);曲线 2:同理对于 8 μm 长纳米线,由于反射形成的干涉图。图(b)给出了垂直于纳米线轴线的光学近场强度的横截面(实线)和由 SEM 得到的剖面形貌(点线)。经允许转载于[Krenn et al.,2002]。美国物理联合会 2002 年版权。

　　从表面观察看来,棱镜激发泄漏模式中的 SPP 传播是与 Zia 等人的理论研究相悖的。Zia 等人认为条带波导中基本泄漏模式在其宽度低于某一既定值会发生截止。他们的研究与 $w \geqslant 1$ μm 的条带波导的近场光学特征明显吻合,而 Krenn 等人的研究中所述的模规律需要更进一步的理论支撑。

　　除了沿纳米线的泄漏模式激发,基底光束外的束缚模式可以通过改变激发环境(从棱镜耦合到高 NA 物镜耦合)激发。Ditlbacher 等人已经利用这种技术实现了沿18.6 μm长 Ag 线($w=120$ nm)的边界 SPP 传播[Ditlbacher et al.,2005]。利用远 - 近场光学显微镜法已经观测到了一个相当大的 SPP 传播长度 $L \approx 10$ μm。这个比起初的纳米线研究,传播长度有了巨大的提升,可能归因于利用聚焦光激发的是束缚模式,不会发生如同泄漏辐射而产生的传播损耗。另外,上述纳米线是利用化学合成而非电子束刻蚀法制备,具备高度结晶结构(highly crystalline structure),从而进一步降低了损耗。在白光照射下,SPPs 在纳米线端面的反射形成共振结构,即短纳米线可作为 SPP 谐振腔,其横截面为亚波长。利用化学方法合成的纳米结构显示出了更好的传导性能,此法制得的纳米结构似乎有很好的前景。

　　在横向模式约束条件下,传播长度超过 1 μm 的研究成果表明金属纳米线可以用来制造微型光子电路以满足可见光范围内的电磁能传递[Takahara et al.,1997, Dickson 和 Lyon,2000]。但这种结构或下面要讨论的金属/绝缘体/金属狭缝波导结构是否更适于实际应用还有待观望。

　　在此之前,我们先简单讨论一下沿金属纳米线实现横向模式约束大幅度增加的可能性。金属纳米线表面的强光局域化使通过制造锥形纳米管实现深层场聚焦成为可能(图7.19)。通过对金属微尖锥形结构的边界问题分析,Babadjanyan 与其合作者认为当 SPPs 沿纳米线向其直径缩减方向传导时,导波波长减小使聚焦明显,且在顶点处具有巨大的场增强。上述问题已经利用 WKB 分析进一步确认,同时他们也提出:SPPs 传播到无限结构末端的时间应用对数形式表示[Stockman,2004]。接近锥管顶点区域的管径很小,几乎只有几微米。在没有局部影响的情况下,对这一区域 SPP 散射的仔细分析已经进一步证实了锥管的聚焦特点[Ruppin,2005]。除了在平面结构中应用,这种超聚焦结构的实验实现对近场光学显微镜下表面的光学研究也是非常有用的。例如,图 7.19显出了沿纳米锥管轴线的剖面的电场分布,呈对称放射状。图 7.19 示范了波长的缩减,局部化的扩展及向顶点接近方向的场增益。这个例子中的纳米锥管是由含薄 Ag 涂层的传统 Si 光纤锥管组成。能量从光纤向等离激元模式传递,且随着向顶点处的传播会进一步浓缩。

图 7.19　具有 **40 nm** 厚 Ag 涂层的锥形 Si 光纤周围的电场分布。Si 锥形管的锥度为 6°,起始半径为 **160 nm**,顶点处是一个 **10 nm** 的半球。从光纤到等离激元模式的能量传递及能量浓度都是可见的 $(\lambda_0 = 1.3\ \mu m)$。

7.5　狭缝与凹槽中的局域模式

在对嵌入在均匀基底中的金属条带的讨论中,我们仅关注了低场局域化的长程 SPP 模式。如不对称的 sa_b^0 或 aa_b^0 等其他模式具备在分界面垂直方向的亚波长(subwavelength)约束(图 7.10)[Berini,2000]。同样,前面部分对纳米线的研究表明这种结构的横模范围可以小于衍射极限。金属/绝缘体/金属是另外一种简单而又适用的波导结构,理论分析和实验研究都表明这种波导具有亚波长约束,其内的传导模式以两界面之间狭缝耦合 SPP 模式限制于介质中心。我们已经在第 2 章中分析了这种结构基本模式的亚波长能量局域化,分析表明即使缩小狭缝尺寸,金属结构中仍有小部分模式能量,界面上的场局域化在介质中心产生了强电场,因而使上述的一维系统的有效模式长度可以达到深亚波长区域。因此,低于衍射极限的金属/绝缘体/金属波导中的模式约束有利于实现高集成度光子芯片[Zia et al.,2005c]。

SPP 狭缝波导(gap waveguides)的二维局域模式已经在第 2 章中关于垂直结构[Tanaka 和 Tanaka,2003]和类平面结构[Veronis 和 Fan,2005,Pile et al.,2005]的描述中有过分析。狭缝波导已得到实验验证,与波导实现端面耦合的狭缝,可以为亚波长宽度[Pile et al.,2005]。

在金属表面上加工出的三角形槽是可用作 SPP 狭缝波导的简单结构。相关理论解析研究[Novikov 和 Maradudin,2002]和 FDTD 数值模拟[Pile 和 Gramotnev,2004]预估其槽底部存在 SPP 约束模式,且为亚波长模式约束。由于槽底部与斜面的 SPP 模式之间的相位不匹配,底部模式受到的约束不会向上发展。本质上,三角形槽结构中的模式色散关系与平面结构中的一样[Bozhevolnyi et al.,2005b]。利用聚焦离子束刻在 Au 基底表面上的槽(宽 0.6 μm,深 1 μm)在近红外窗口内传导 SPP 束缚模式时的传播长度大约为 100 μm,模式宽度大约为 1.1 μm[Bozhevolnyi et al.,2005b]。这种结构的传播长度适用于实用的光子结构。图 7.20 和 7.21 给出了许多实用结构(如 $\lambda_0 = 1\,500$ nm 下的波导功分器,干涉仪和用于滤波的环形波导耦合器[Bozhevolnyi et al.,2006])。但在这个研究中,槽的尺寸和传导模式不是亚波长,主要是通过与纳米线或纳米链波导(particle chain waveguides)的对比说明上述结构具有较长的传播长度。纳米线或纳米链波导相关内容将在后续部分讨论。

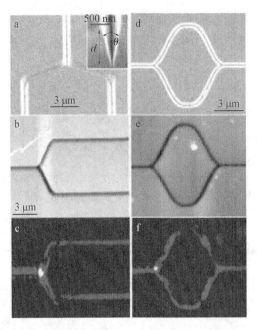

图 7.20　刻在金属膜上的 SPP 槽型波导的 SEM 图像(a, d)、形貌图(b, e)和近场光学图像(c, f)。经允许转载于 Nature[Bozhevolnyi et al., 2006]。迈克米兰出版公司 2006 年版权。

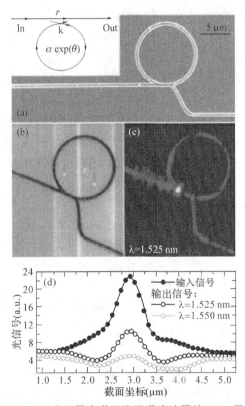

图 7.21　基于 V 槽波导和环形共振器沟道下降通道滤波器的 SEM 图像(a)、形貌图(b)和近场光学图像(c)。图(d)根据图(c)给出了两个不同波长的沟道输入端和输出端归一化横截面,给出了共振的消光系数。经允许转载于 Nature [Bozhevolnyi et al., 2006]。迈克米兰出版公司 2006 年版权。

7.6　纳米金属颗粒波导

基于紧密放置的金属纳米颗粒间的近场耦合是实现电磁波传输的另外一种方式,且波的横向约束低于衍射极限。一维颗粒线阵具有耦合模式,主要是由于邻近纳米颗粒之间的近场相互作用。由于点与点之间的间距 d 小于周围电介质中的光波长 λ,相邻颗粒通过两极的相互作用耦合,近场条件的量级为 d^{-3}。

由于相邻颗粒之间的耦合,用纳米链传播偏振波时,有一个纵向模和两个横向模。Quinten 和其合作者基于米氏散射理论最早完成了沿纳米链的能量传递过程的数值分析[Quinten et al.,1998]。他们的研究表明了上述结构传递场能量的可能性,预测出这种结构具有亚波长的能量传递距离,并重点研究了其色散特性。在准静态色散关系的计算中,纳米颗粒被视作点偶极子是有利于计算分析的,图 7.22 中的实线分别表示了纵向和横向偏振[Brongersma et al.,2000]。能量传递的群速度(group velocity)由色散曲线斜率确定,是单粒子等离子共振频率的最高值,存在于第一布里渊区的中心。更高阶多极子的情况,虽然只是准静态近似,也已经取得了进展[Park 和 Stroud,2004]。

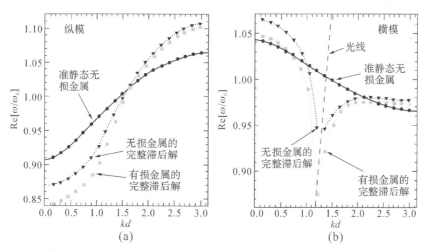

图 7.22　准静态近似下,无限长球颗粒链的纵向模色散(图(a))和横向模色散(图(b))(图中实线[Brongersma et al.,2000]),20 个球颗粒组成的链的纵向模色散(图(a))和横向模色散(图(b))(图中填充圆);有损金属的完整滞后解(图中正方形),无损金属的完整滞后解(图中三角形)。横向偏振模之间的差异是明显的。经允许转载于[Weber 和 Ford,2004]。美国物理学会 2004 年版权。

利用麦克斯韦方程求得的色散关系的解优于准静态近似值,图 7.22 中所示虚线附近横向模式的色散关系显示出了巨大的变化,这缘于横向偶极模的相位匹配及光子在相同频率下沿波导传输[Weber 和 Ford,2004,Citrin,2005b,Citrin,2004]。至于纵向模式,上述耦合不会发生,因此分析获得的曲线与准静态的模拟结果近似。图 7.23 为导波模式的电场分布,即为直径为 50 nm Au 球纳米链(球心平均间距是 75 nm)上的光脉冲传输的时域有限差分仿真结果。这些仿真结果也证实了横向模式的负相速[Maier et al.,2003a]。

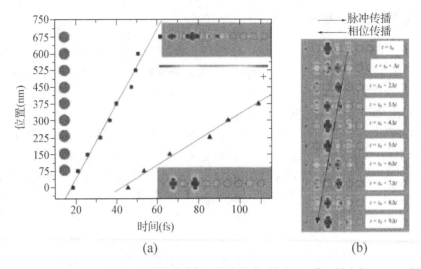

(a)　　　　　　　　　　　　　　　(b)

图 7.23 脉冲沿 Au 球颗粒链传播的时域有限差分仿真,其中 Au 球颗粒直径 **50 nm**,间距 **75 nm**。图(a)给出了当 SPPs 沿链传播时,在围绕单颗粒共振频率的脉冲下,纵向偏振(正方形)和横向偏振(三角形)的脉冲顶点位置与时间的关系,其中内嵌图是电场分布的快照图。图(b)是横模(相位速度是负值)的电场分布快照,其中的箭头表示相位变化方向。经允许转载于[**Maier et al. , 2003a**]。美国物理学会 2003 年版权。

具有最高群速的行进波的激发需要局域化激发方式,因为远场激发仅激发色散图中 $k=0$ 附近的模式。通过与单颗粒(或充分分散的颗粒阵)进行比较,分析等离子共振频率峰的变化,根据颗粒间因同相激发而耦合的原理(如第 5 章所述),可以确定其耦合程度。图 7.24 中为 90 nm×30 nm×30 nm Ag 棒(棒的平均间距 50 nm)组成的波导,并绘出了纳米链和单个颗粒的远场消光光谱。由于颗粒耦合,此链结构中的蓝移变化是明显的。

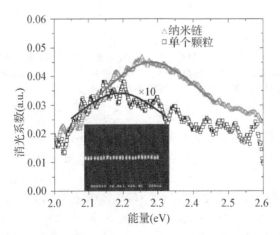

图 7.24 单 Ag 杆和杆链在垂直光照射(沿杆的长轴)下的等离子共振。两个光谱之间产生的蓝色偏移是由于链中颗粒之间的近场相互作用。经允许转载于 Nature Materials [**Maier et al. , 2003b**]。迈克米兰出版公司 2003 年版权。

为了实现这种结构中行进波的局域激发,近场光学显微镜的末端被用作局域光源,荧光聚合物被用来观测沿颗粒链的能量传递(图 7.25(a))[Maier et al. , 2003b]。在此研究中,近场光学显微镜尖端扫描了波导的整体(图(b)),图(c)对比了已获近场图像中记录的荧光点与波导外的荧光点,上述荧光点都沉积在平面上(如图(d)所示)。后图显示了点剖面沿波导方向的延长,这是由于激发点与颗粒波导之间有一定的距离,能量从末端传递到波导,并导向荧光颗粒(如图(a)所示)。图 7.26 给出了荧光点的典型横截面,由图得知能量沿颗粒链的传递距离超过 500 nm。有数值分析证实了这种耦合方案的主要特点[Girard 和 Quidant,2004]。

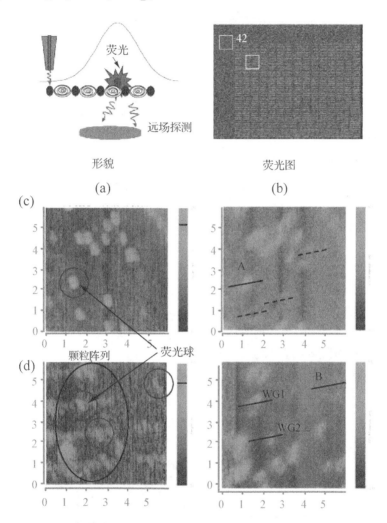

图 7.25　金属纳米颗粒等离激元波导中的局部激发与能量传递监测。图(a)是实验方案示意图,图(b)是等离激元波导 SEM 图像,图(c,d)是形貌和荧光图。图(c)显示荧光球沉积在非波导区域,图(d)显示了 4 个纳米链表面沉积的球粒。圆圈和直线表示荧光点,分析结果如图 7.26 所示。经允许转载于 Nature Materials [Maier et al., 2003b]。迈克米兰出版公司 2003 年版权。

由于在颗粒的等离子共振频率处的共振激发,场被严格地约束在波导结构中,类似于前面所述的纳米线。根据导波波长和基体材料的介电常数可判断出上述结构有巨大损耗,传播长度小于等于 1 μm。相关的应用,如可实现能量沟道效应的聚光元件已经得到了验证[Nomura et al.,2005];类似于前面所述的锥形波导管,有人也建议利用球形的短结构作为近场聚焦的纳米透镜[Li et al.,2003]。

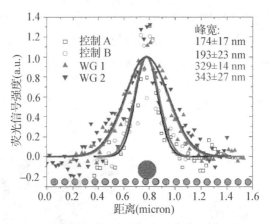

图 7.26　图 7.25(c),(d)中的远离波导的控制荧光球和颗粒波导上方的荧光球沿横截面的荧光信号强度,分别以正方形符号和三角形符号表示。后者的荧光峰宽度的增加表明了颗粒波导在一定距离情况下的激发(见图 7.25(a))。经允许转载于 **Nature Materials**[Maier et al., 2003b]。迈克米兰出版公司 2003 年版权。

利用低频下非共振颗粒激发,可以实现较远的传播。然而,吸收损耗比较低的同时,辐射损耗却开始增大,因此需要寻找和一维链式不同的结构来保持波导能量的约束。研究者发现在 $\lambda_0 = 1.5\ \mu m$ 窗口中工作的纳米颗粒等离激元波导具有潜在的应用价值 [Maier et al., 2004, Maier et al., 2005]。新的设计方案中的约束优于第 7.3 节中所述的长程条带波导,且传播长度大约为 $100\ \mu m$。纳米颗粒等离激元波导为 Si 薄膜上二维金属纳米颗粒点阵(图 7.27(d))。混合等离激元/薄膜波导模式可实现垂直方向约束,控制纳米颗粒尺寸的阶梯变化可实现导波横向约束。因此,在波导中心就实现了更高的有效折射率,导波模式就被限制在较高的折射率区域,从而造成波长尺度的横向约束和亚波长尺度的垂直约束(图 7.27(b),(c))。我们在第 6 章也介绍了类似的等离激元器件,并提出了利用颗粒点阵实现人工电磁材料的观点。

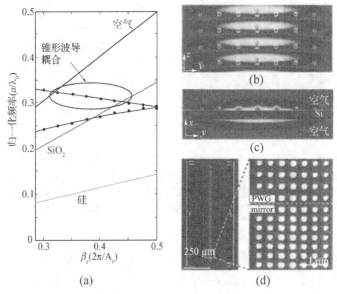

图 7.27　色散关系(a),Si 薄膜上金属纳米颗粒等离激元波导在近红外下的模的俯视剖面图(b)和侧视剖面图(c)。图(d)是焊接装置的 SEM 图像。经允许转载于[Maier et al., 2004]。美国物理联合会 2004 年版权。

由于传播方向的周期性,等离激元模式被对叠入第一布里渊区(图 7.27(a))。图 3.14 为利用波导上的光纤锥管实现激发的简单方案,光纤锥管与等离激元模式之间会发生反方向相位匹配的倏逝耦合。

光纤锥管也是研究纳米颗粒波导空间特性和色散特性的一个简单工具。在导波模式的空间成像中,光纤仅需在横向移过波导,在耦合区域内具有波长相关性的能量传递过程即可被监测。图 7.28(a)给出了耦合区域内,波导内波长和锥形光纤相对位置可变条件下的能量传递过程。等离激元波导的一阶模式与高阶模式在 1 590 nm 和 1 570 nm 处的有明显的功率下陷(图 7.28(b),(c)),同时锥管位于波导中心上方或波导边沿。空间分辨率是由锥管的直径决定的,该例中为 1.5 μm。

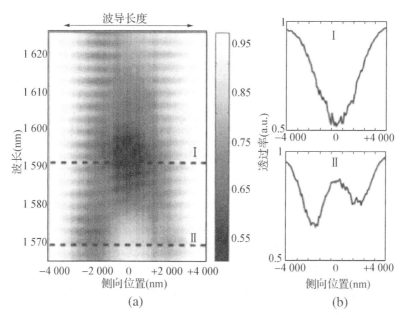

图 7.28　图(a)是通过耦合区域(由波长和渐变器横截面位置确定)的能量传递。图(b)给出了基模和一次模的截取数据图。经允许转载于[**Maier et al. , 2005**]。美国物理联合会 2005 年版权。

通过改变锥直径可改变其沿波导方向的传播至相位匹配点。这可以用来描述色散关系,证实耦合的反向特性。如图 7.29(a)所示,当锥管直径变大时,色散曲线向 Si 光条纹靠近,相位匹配点发生红移。图 7.27(a)的色散图表明这仅是与折叠的上频带耦合的一种情况。实验研究得知:这种结构的最大功率传递效率大约是 75%,如图 7.29(b)所示。

这些低损耗的金属纳米颗粒波导可用于实现耦合放射通过光纤向二维 SPP 模式的高效转化。经过耦合区域或具有场聚焦作用的强约束波导接口,导波通过芯片上的设定结构实现传感是可能的。

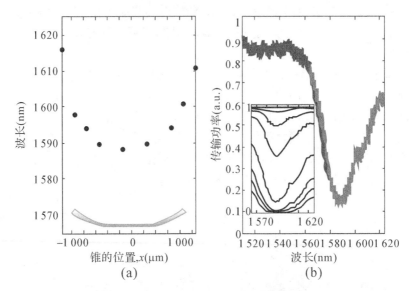

图 7.29　(a) 当锥管沿波导轴线方向移动时,不同锥管位置的相匹配点的光谱位置,表明耦合具有反向特性。(b):最佳耦合条件下越过耦合区域传递的能量,表明传递效率大约为 75%。内嵌图显示了当锥管与波导之间的狭缝变窄时耦合轮廓的变化。经允许转载于[**Maier et al. , 2005**]。美国物理联合会 2005 年版权。

7.7　增益介质的损耗补偿

第 5 章中已经讨论了将波导嵌入光增益介质中来补偿金属结构中因欧姆效应引起的衰减损耗的可能性。在未增益饱和前提下,光增益会使颗粒的极化增加(5.7 节)并使共振模线宽降低。在波导应用方面,针对嵌入在增益介质中链状颗粒(与前面章节讨论过的纳米颗粒等离激元波导类似)的分析表明耦合强度的增加可以使传播长度明显增加,尤其对于离光带线近的约束横向模式[Citrin, 2005a]。

利用 SPPs 在平界面传导实现波导的研究非常多,显而易见,增益介质将会延长传输长度 L。更令人惊喜的是增益介质还可以引起界面上的局域化[Avrutsky, 2004],而与此不同的是,在没有增益介质的情况下,约束与损耗是一对矛盾。为了证明这一点,我们可以通过色散关系式(2.14)的如下表示来确定 SPP 在金属/介质界面的有效折射率:

$$n_{\text{eff}} = \sqrt{\frac{\varepsilon\varepsilon_d}{\varepsilon + \varepsilon_d}} \tag{7.3}$$

式中:ε_d 为绝缘层的介电常数。正如对局域等离激元的讨论,表面等离激元的共振条件是通过 $\text{Re}[\varepsilon] = \varepsilon_d$ 确定,有效折射率和局域化的程度由 ε 的非零虚部确定。但是,如第 5 章所述,增益介质使式(7.3)中的分母完全消除,从而产生一个巨大的有效折射率(仅受增益饱和限制)。

目前,n_{eff} 的增加对 SPP 在波导中的传播的影响还没有得到详细分析,但各种针对金属条带波导[Nezhad et al. , 2004]和狭缝波导[Maier, 2006a]的分析研究及数值模拟已集中在传输长度的增加上。对于在近红外区激发的上述结构,利用量子阱或量子点材料已经接近实现无损耗传播。以简单的一维 Au/半导体/Au 狭缝波导为例,核心尺寸为 50 nm 时,在 $\lambda_0 = 1\,500$ nm 下的增益系数为 $\gamma = 4\,830$ cm^{-1},折射率为 $n = 3.4$。图 7.30

给出了传播常数 Im[β]的虚部随波导核心尺寸下降的变化，其中核心是空气（虚灰色线），或具有零增益的 $n=3.4$ 的半导体材料（虚黑色线），或增益系数 $\gamma=1\,625$ cm^{-1}（灰色线）或$\gamma=4\,830$ cm^{-1}（黑色线）。注意：Im[β] $<$ 0 时，导波的能量会指数增加。正如期望的一样，传播长度随着加入增益介质的量增加而增加，如图 7.30 中的内嵌图所示。

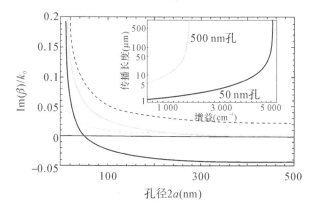

图 7.30　核心层分别是空气、零增益的 $n=3.4$ 的半导体材料、增益系数 $\gamma=1\,625$ cm^{-1} 和 $\gamma=4\,830$ cm^{-1} 的情况下，Au/电介质/Au 波导的传播常数 Im[β] 的虚部随核心尺寸下降的变化，图中分别用虚灰色线、虚黑色线、灰色线和黑色线表示。图中的内嵌图显示了模的能量传播长度。当 Im[β]$=0$ 时的关键增益增加时，传播长度 $L \to \infty$（如内嵌图所示）。经允许转载于[Maier，2006a]。爱思唯尔出版公司 2006 年版权。

在精彩的理论分析之余，在金属波导结构附近添加增益介质以实现低损耗或无损耗传播仍有待观察。

第8章　小孔与薄膜的光辐射透射

到目前为止,我们对表面等离极化激元的讨论,主要集中在其沿平行界面的激发和传导方面。之前的章节介绍了波导应用中如何通过表面图形控制这些二维波的传播。本章我们将讨论在近场作用下,垂直方向上电磁能量如何通过金属薄膜。如果薄膜的图案是规则排列的孔洞阵列或者是围绕一个单孔的表面波纹,就可实现增强透射和定向光束等,这些现象自1998年被首次提出以来,已激发起学界浓厚的研究兴趣。

为了给这些现象的讨论奠定基础,我们首先回顾一下光透过薄导电屏上单个亚波长圆孔时传输的物理基础。后续几章则探讨孔洞阵列里的透射增强以及通过界面出射侧的表面波纹实现传输光束的定向控制,同时也介绍了光在规则波纹围绕的单孔结构中传输时SPPs和局域等离激元的作用。本章最后展望了上述效应的初步应用,并讨论了基于耦合SPPs的光通过无孔薄膜媒介时的透射。

8.1　亚波长小孔的衍射理论

光束通过非透明屏障上的单孔(小孔)的物理现象,自100多年以来一直是较为热门的研究方向。由于光的波动性,其透过小孔时总伴随衍射现象。因此,即使是最简单的几何结构,其过程也是非常复杂的,可利用经典衍射理论发展而来的各种近似值进行描述。对该理论的各种阐述,可在基础的电动力学教科书中查到,如[Jackson, 1999],以及由Bouwkamp撰写的综述性论文(从本章出现的透射问题的角度)[Bouwkamp, 1954]。在上述的近似处理中,作为一种几何结构——无限薄理想导体屏上的圆形小孔(半径为r),由于其相对简单,易于分析处理,引起了特别的关注(图8.1)。

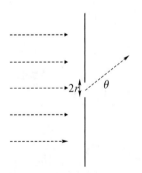

图 8.1　光通过一无限薄不透明屏栅上半径为 r 的圆形小孔的透射

对于一个半径 r 显著大于入射波长($r \gg \lambda_0$)的小孔来说,光的小孔透射可采用惠更斯-菲涅耳原理(Huygens-Fresnel principle)及其数学公式,以及 Kirchhoff 的标量衍射理论(scalar diffraction theory)[Jackson, 1999]完美描述。上述描述是基于标量波动方程，因此并未考虑光的偏振。对于垂直入射的平面波，在远场中的单位立体角的透射强度(被称为夫琅和费衍射极限(the limit of Fraunhofer diffraction))可表述如下：

$$I(\theta) \cong I_0 \frac{k^2 r^2}{4\pi} \left| \frac{2J_1(kr\sin\theta)}{kr\sin\theta} \right|^2 \tag{8.1}$$

其中 I_0 表示在小孔面积 πr^2 上的总入射强度，$k = 2\pi/\lambda_0$ 为波数，θ 为小孔法向与再发射辐射方向之间的夹角，$J_1(kr\sin\theta)$ 为第一类贝塞耳函数(Bessel function)。由式(8.1)所描述的函数形式就是著名的艾里光斑(Airy pattern)，它是一个由强度逐渐降低的同心圆环所围成的中央亮点，这是由小孔中光线的角相消和相长干涉造成的；I_0 的总强度传输比率为

$$T = \frac{\int I(\theta) \mathrm{d}\Omega}{I_0} \tag{8.2}$$

被称为透射系数(transmission coefficient)。由于小孔的半径 $r \gg \lambda_0$，则 $T \approx 1$，这样的近似处理是有效的。在这种情况下，衍射理论更精确的计算给出的半定量结果在本质上和式(8.1)是一样的。

表面波如 SPPs 对光传输的影响值得注意，而亚波长小孔($r \ll \lambda_0$)在相关方面的表现也更为有趣，因为近场效应有望对光响应实现控制(有限厚度的薄膜小孔中不存在传播模式)。然而，即使对无限薄理想导体屏的近似分析也需要使用麦克斯韦方程组的全矢量分析法。基尔霍夫法(Kirchhoff's method)的基本假设认为小孔中的电磁场是相同的，仿佛非透明屏不存在，但这并不满足屏上零切向电场的边界条件。对于大尺寸的小孔，由于衍射场和直接透射场相比较小，上述错误并不突出。但对于亚波长小孔，上述近似是不够的，即使是作为问题的一阶处理。

假设在小孔面上的入射光强度 I_0 是恒定的，Bethe 和 Bouwkamp 精确解析了光通过无限薄理想导体屏上亚波长圆孔的传输过程[Bethe, 1944, Bouwkamp, 1950a, Bouwkamp, 1950b]。垂直入射情况下，小孔可被描述为位于孔平面中的一个小磁偶极子(magnetic dipole)。入射平面波的透射系数可以通过下式给出：

$$T = \frac{64}{27\pi^2}(kr)^4 \propto \left(\frac{r}{\lambda_0}\right)^4 \tag{8.3}$$

可以很直观地判断出，与 $(r/\lambda_0)^4$ 相关的比例关系意味着亚波长小孔的总透射能量非常弱(与基尔霍夫理论中的二阶 $(r/\lambda_0)^2$ 相比较小)。同样的，$T \propto \lambda_0^{-4}$ 与小物体的瑞利散射理论相吻合。我们注意到式(8.3)对于 TE 和 TM 偏振的垂直入射也是适用的。当光束以一定角度入射到小孔时，需要在法线方向上额外添加一个电偶极子(electric dipole)来描述透射过程，在这种情况下，更多的透射是 TM 模式而非 TE 模式[Bethe, 1944]。

Bethe 和 Bouwkamp 描述的圆形小孔中的传输过程依赖于两种主要近似：假设导体屏的厚度趋近于无限薄；由于其无限大的电导率，屏依然是非透明的。放宽第一个假设的条件，即厚度为 h，则处理上需要数值模拟方法。两种情况都必须考虑，而这依赖于由亚波长小孔定义的波导是否允许传播模式的存在。贝特-布坎普模型(Bethe-Bouwkamp model)只适用于允许衰减模式存在的小孔。对于一个完美导电屏中直径为 d 的圆形(方

形)孔,只有当 $d \leqslant 0.3\lambda_0(d \leqslant \lambda_0/2)$时,条件才能得到满足,而这可通过对小孔波导的边界分析进行计算。透射系数 T 随 h 发生指数衰减[Roberts, 1987],这是隧穿效应的必然结果。由于亚波长小孔允许传播模式的存在,则上述理论是不适用的,透射系数 T 远高于小孔作为波导时所体现的透射能力。这些波导小孔(waveguide apertures)中最突出的例子如直径超过截止长度的圆孔[de Abajo,2002],著名的一维狭缝(存在没有截止状态的TEM 模),环形小孔[Baida 和 van Labeke, 2002],以及 C 型小孔[Shi et al., 2003]等。

除了有限的屏厚,当讨论实际小孔的透射特性时,必须考虑到金属屏的电导率是有限的。对于光学薄膜来说,屏并非完全不透明的,并且与贝特-布坎普理论进行比较是不合理的。另一方面,如果 h 有几个趋肤深度的厚度,那么实际上厚金属光学薄膜满足不透明的条件,因此可以阻止光能量隧穿屏栅。对于满足这一条件的小孔,可看出局域表面等离激元对透射过程有很大影响[Degiron et al., 2004]。在随后的章节中会详细地讨论隧穿过程中,屏上光入射面的相位匹配所激发的 SPPs 作用。

8.2　亚波长小孔中的异常透射

光通过无传播模式存在的圆形或者方形亚波长小孔时,透射系数得到显著增强,上述小孔可通过在屏上构造有规律的、周期性的阵列结构实现。因此,SPPs 可通过光栅耦合激发,并在小孔上方形成增强的光场。隧穿过小孔之后,SPP 场的能量散射到另一边的远场之中。

由光栅带来的相位匹配条件会影响整个系统的透射光谱 $T(\lambda_0)$,其峰值往往在 SPPs的激发波长处。在频谱上找到 $T > 1$ 的位置是可能的,因为更多的光能可隧穿过小孔而不仅仅是入射面内的,因为金属屏上的入射光可由 SPPs 引导通过小孔。这种异常透射(extraordinary transmission)性质是由 Ebbesen 和他的同事在研究薄 Ag 屏上圆孔方阵时首先证实的[Ebbesen et al., 1998]。

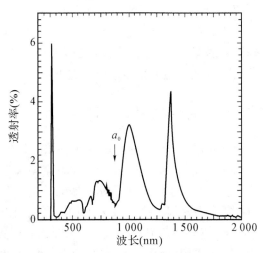

图 8.2　垂直入射条件下,薄 Ag 屏上的孔洞矩形阵列的透射光谱,圆孔直径 d =150 nm,晶格常数 a_0 =900 nm,屏的厚度为 200 nm。经允许转载于 Nature[Ebbesen et al., 1998]。迈克米兰出版公司1998 年版权。

作为一个典型的例子,图 8.2 为垂直入射条件下,薄 Ag 屏的透射光谱,其中 Ag 屏厚度 t =200 nm,上面排列的是直径为 d =150 nm 的圆形孔洞矩形阵列,周期为 a_0 =

900 nm。对于此类薄膜,除了在紫外区域观察到的一个尖锐谱峰,该频谱还包括了一系列明显相对宽的透射峰,其中两个所对应的波长大于栅格常数 a_0。这些透射峰不能简单地归结为衍射而不考虑表面模式的贡献,事实上,$T > 1$ 表明透射过程中周期性小孔阵列所对应的光栅耦合激发 SPPs 在起作用:即小孔间非透明区域的光可通过沿表面传播的 SPPs 引导到屏的另一侧。然而,我们注意到由于归一化的原因,精确测量透射增强系数是非常困难的:使用式(8.3)计算透射系数需要高精度的小孔尺寸测定,因为 $T \propto r^4$ 对小孔的半径依赖性很强。在早期的研究中,垂直入射并没有考虑偏振的情况,而且事实上由于小孔阵列所形成的矩形对称结构,在 TM 和 TE 偏振条件下具有相同的透射光谱[Barnes et al., 2004]。

　　光入射角对透射光谱中谱峰的依赖性研究可用来绘制传输过程中色散关系曲线,如图 8.3 所示。根据式(2.14)的 SPP 色散关系,利用光栅矢量 $G = 2\pi/a_0$ 代入即可清晰地分析。在 $k_x = 0$ 轴时色散曲线的交叉点为垂直入射方向激励光束的相位匹配位置,即为图 8.2 中的最大透射位置。

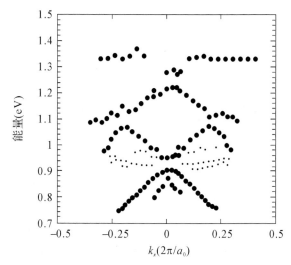

图 8.3　光栅耦合 SPPs 沿着小孔阵列方向的色散关系[10],摘自图 8.2 中不同入射角的光谱(实点)。经允许转载于 Nature[Ebbesen et al., 1998]。迈克米兰出版公司 1998 年版权。

　　观察透射光谱 $T(\lambda)$ 的组成可看出设想中的光栅耦合激励 SPPs,相应的相位匹配条件为:

$$\beta = k_x \pm nG_x \pm mG_y = k_0 \sin\theta \pm (n+m)\frac{2\pi}{a_0} \tag{8.4}$$

其中 β 为 SPP 的传播常数。对于矩形栅格的相位匹配,很显然要同时考虑式(8.4)和式(2.14),对于垂直入射光,最大透射可发生在波长满足下列条件时[Ghaemi et al., 1998]:

$$\lambda_{SPP}(n,m) = \frac{n_{SPP}a_0}{\sqrt{n^2 + m^2}} \tag{8.5}$$

$n_{spp} = \beta c/\omega$ 为 SPP 的有效折射率,对于金属和介质之间的单界面可使用式(2.14)计算。这种简单的描述通常作为很好的一级近似。

　　激励 SPP 的入射光的相位匹配对基于 SPP 隧穿的透射增强非常关键,对于由规则非透明表面波纹阵列围绕的单孔也同样适用。后续的研究也证实了只有一个小孔的情况,其中屏上用凹槽代替孔洞而实现光栅耦合[Grupp et al., 1999]。除了小孔或者凹槽的二维方形阵列,围绕上述小孔的同心圆环也被用来获得入射光激励 SPPs 的相位匹配。图 8.4 显示的是由不同凹槽高度 h 的同心圆环(a)组成的"牛眼"(bull's eye)结构的透射光谱,(b)为二维凹槽阵列的透射光谱。与式(8.3)计算的值相比,上述两种情况的透射都有增强,另外,对于牛眼结构,当波长满足相位匹配时,$T > 1$。很显然,从图 8.4(a)中可以看出,高度 h 的变化决定了 SPP 耦合的效率,因此影响透射增强的幅度。

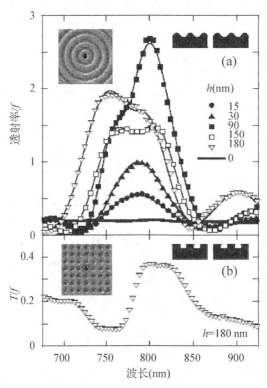

图 8.4　屏厚度 h 为 430 nm 的 Ag/NiAg 上正弦截面同心圆环(a)或者凹槽方形阵列(b)所包围的单个圆形小孔($d=440$ nm)。经允许转载于[Thio et al.,2001]。美国光学学会 2001 年版权。

有关透射过程中的物理机理需要进一步的定性描述。与无图案屏中的单一小孔类似,在具有规则图案的平面中的小孔透射也基于隧穿效应,其透射强度与金属屏厚度 t 近似呈指数关系。然而,如果 t 达到趋肤深度量级且相邻介质相同,即满足相位匹配,在前后交界面之间会发生 SPPs 耦合。Degiron 等人已证实上述特征会导致小厚度情况下的透射系数的饱和[Degiron et al.,2002]。无论实验上还是数值上,都大量的研究了相关几何参数如金属膜厚度[Shou et al.,2005],孔洞尺寸[van der Molen et al.,2004]或者孔洞阵列的对称性[Wang et al.,2005]对于透射光谱的影响。更为重要的是,针对具有亚波长孔洞阵列的金属薄膜的透射、反射和吸收角度特性的全方位极化法研究,已证实了透射过程中由入射光束衍射激发的 SPPs[Ghaemi et al.,1998,Barneset al.,2004]。

由于小孔允许传播模式的存在,透射过程中的复杂性显著增加,如本质上是一维缝结构,其基本的 TEM 模并不存在一个截止宽度;在这种情况下,透射会被基本的由金属膜层厚度控制的缝波导模式共振所调制;也确实观察到平行的亚波长缝阵列的传输共振[Porto et al.,1999];与由隧穿效应而通过小孔的异常透射的讨论相类似,如图 8.5 所示的单缝周围的周期性表面波纹（periodic surface corrugations），由于 SPPs 的激发而显著地增加了透射并且允许 $T(\lambda) > 1$。

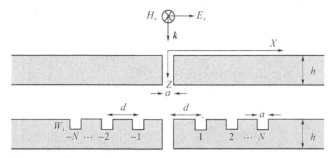

图 8.5　单一缝隙小孔被分割成理想导体屏的原理图，输入侧有和无凹槽阵列的情况。由 Francisco García-Vidal, Universidad Autónoma de Madrid 提供。数据与［García-Vidal et al.，2003a］类似。美国物理学会 2003 年版权。

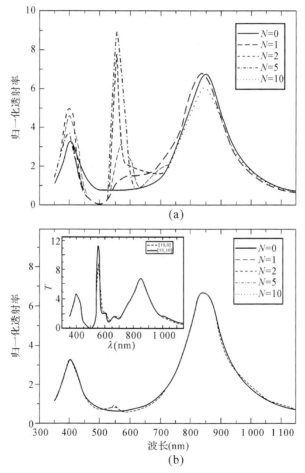

图 8.6　在图 8.5 中描述的对于 $a=40$ nm, $d=500$ nm, $w=350$ nm 和凹槽深度 $h=100$ nm 的隙缝结构的归一化透射率 $T(\lambda)$；凹槽在输入面（a）或输出面（b）的数量都是 2N；传输的增强是只适用于输入侧的图形化（a），而且只有少量的凹槽对于传输增强有作用，输出侧的图形化（b）并没有对 $T(\lambda)$ 的振幅有明显的影响。由 Francisco García-Vidal, Universidad Autónoma de Madrid 提供。数据与［García-Vidal et al.，2003a］类似。美国物理学会 2003 年版权。

事实上,甚至理想金属都能够维持表面波,如第 6 章所述的设计的图形化交界面上的表面等离激元,也会在这一范畴内引起透射增强。基于第 6 章所述的用于描述低频 SPPs 的模式扩展技术,García-Vidal 课题组证明了由平行凹槽围绕的隙缝小孔的透射光谱 $T(\lambda)$ 另外也受到凹槽的耦合腔模式的影响,其中耦合腔模式的频率由深度 h 决定。阵列中也存在由周期常数 d 所控制的同相再出射现象(in-phase re-emission)[García-Vidal et al., 2003a, Marquier et al., 2005]。图 8.6(a)为基于上述模型的透射系数 $T(\lambda)$ 随凹槽数量变化的理论计算结果;(b)进一步证明了在只有入射侧的图形化表面对 $T(\lambda)$ 的最大值存在影响。

对于计算中几何尺寸的选择,在 450 nm 和 850 nm 附近的两个透射系数峰值并未受到相当于狭缝波导共振的图形化影响,而 $\lambda = 560$ nm 处的透射系数峰值与因凹槽数量的增加而导致的槽‑腔模式和同相凹槽再出射相关,上述均受到表面等离激元的调控。这些主要结果已分别由基于量子力学的散射理论的不同方法所证实[Borisov et al., 2005]。另外,对于再发射辐射的相位控制可对透射进行选择性地抑制,这已通过在太赫兹频段中利用合适的相位光栅证实[Cao et al., 2005]。最近的研究进一步表明,即使是亚波长小孔的一维阵列也展现出许多存在于二维图案中出现的特性[Bravo-Abad et al., 2004a]。我们注意到由于 SPPs 激发产生的异常透射不仅可在金属屏的可见光谱中观察到,而且在高掺杂的半导体和聚合物薄膜中的太赫兹频段也可观察到[Matsui et al., 2006]。

虽然小孔屏输入表面图形化决定了透射系数光谱 $T(\lambda)$,输出表面的结构允许对转移辐射的再出射进行控制,接下来的章节中将会予以讨论。

8.3　基于输出端表面图形化的定向出射

基于前面的讨论,我们看出当光通过小于截止波长的亚波长小孔时,由于屏栅的图形化结构使光与 SPPs 相位匹配,从而得到极大增强。类似的,屏栅出光侧的出射也可通过表面有序结构而控制。在不增加 $T(\lambda)$ 的情况下(见图 8.6(b)),对该侧施加一个规则的光栅结构可实现窄发光角度下的高度定向出射,这一现象首先由 Lezec 等人发现[Lezec et al., 2002]。因此,对屏栅的输入面和输出面的有序图形化(patterning),既可以增强透射又可以定向出射。

图 8.7 和 8.8 为同心凹槽围绕的圆形小孔和规则平行凹槽阵列围绕的隙缝两种结构中的异常透射。在膜层的两侧都进行了有序图形化。透射极大值 $T(\lambda_0)$ 的位置和振幅由屏栅面的有序图形所实现的相位匹配条件控制,束腰和出射束的方向是由出射面的有序图形所控制。该出射高度定向,误差在 $\pm 3°$ 以内。这种现象可解释为 SPP 从小孔的输出面沿着屏栅传输到凹槽并发生定向出射,并受凹槽周期的影响。有趣的是,由于不同角度(图 8.8(d))下出射不同波长的光,因此增加了一种滤波器特性。在图 8.7 和图 8.8 中,凹槽的周期分别为 $d = 600$ nm 或 $d = 500$ nm,凹槽深度 $h = 60$ nm。工艺上采用聚焦离子束刻蚀 300 nm 厚的悬空 Ag 膜。

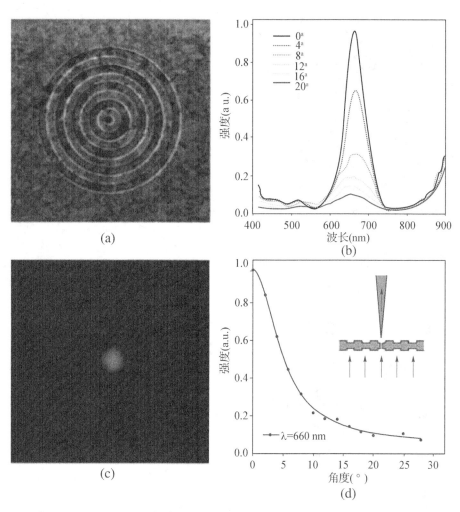

图 8.7　(a)由 300 nm 厚 Ag 膜中圆形亚波长小孔包围的靶心结构的聚焦离子束图像;(b)不同角度下的透射光谱,表明新产生的光束之间差别很小(凹槽周期间距 600 nm,凹槽深度 60 nm,小孔直径 300 nm);(c)透射尖峰波长处定向出射的光学图像;(d)在最大透射波长处出射束的角强度分布。经允许转载于[Lezec et al. , 2002]。美国科学促进会 2002 年版权。

　　定向出射的原理可由如图 8.8 所示的平行凹槽阵列包围的狭缝小孔的出射分析获得。该系统的几何结构在图 8.9 中有更详细的定义。类似于在第 6 章中的处理,在狭缝和凹槽区域使用场的模扩散理论,Martín-Moreno 等人证实了定向出射是由局域凹槽模和它们衍射波图案的干涉之间的紧束缚耦合造成的[Martín-Moreno et al. , 2003]。图 8.10 为使用上述模型所获得透射光束的强度分布 $I(\theta)$。对于前向光束窄透射和某个角度的定向光束出射,基于图 8.8 中所示的准确结构参数的类似计算证明了实验和理论之间的一致性。另外,理论分析表明只有当凹槽数量很少时,即 $N \approx 10$ 才能够形成窄分布的光束。

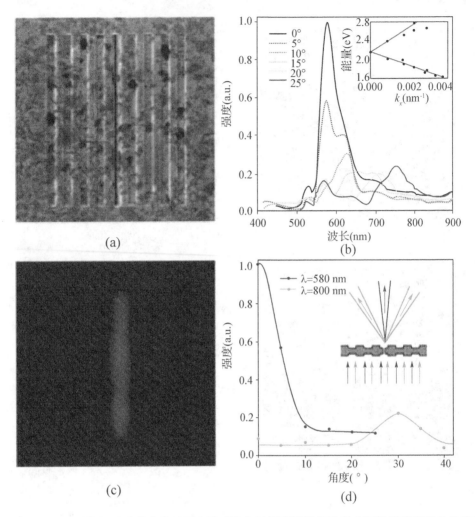

图 8.8　FIB 图像(a)和变化角的透射光谱对于由平行凹槽围绕的单个亚波长隙缝变化角的透射光谱,Ag 膜厚 300 nm(隙缝宽 40 nm,长度 4 400 nm,凹槽周期间距 500 nm,凹槽深度 60 nm)(b)中内嵌图显示的周期结构色散曲线(黑点),以及位置的谱峰(灰点)。(c)光学图像。(d)在两个选定波长的出射角强度分布。经允许转载于[Lezec et al. , 2002]。美国科学促进会 2002 年版权。

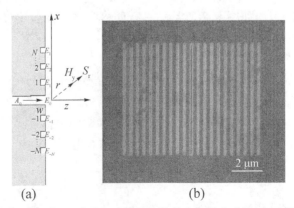

图 8.9　屏栅输出端,每面由 10 个平行凹槽围绕的单个缝隙小孔的示意图(a)和 FIB 图(b)(缝宽为 40 nm,凹槽周期为 500 nm,凹槽高度为 100 nm)。由 Francisco García-Vidal, Universidad Autónoma de Madrid 提供。数据与[García-Vidal et al. , 2003a]类似。美国物理学会 2003 年版权。

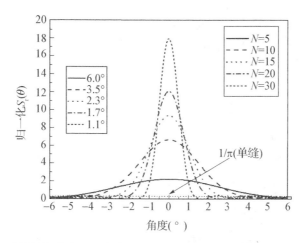

图 8.10　图 8.9 隙缝结构光束正向传输的理论预测强度分布(角强度分布),其中凹槽数量 2N 是不同的,几何结构参数类似于图 8.8;也显示了对于每个 N 值透射束的角度误差;在计算中,为了获得类似的总透射强度,凹槽深度随 N 而变化。由 Francisco García-Vidal, Universidad Autónoma de Madrid 提供。数据与[Martín-Moreno et al. , 2003]类似。美国物理学会 2003 年版权。

通过精确控制屏栅出射表面的图形几乎可任意调控出射光的强度角分布,甚至表明该屏栅也可在一个确定的波长发生聚焦,有效地充当一个平面波长选择性透镜[García-Vidal et al. , 2003b]。

8.4　单孔的局域表面等离激元和光透射

正如在讨论贝特-布坎普理论的局限中指出的,即使对于光学厚度的(因而不透明)金属薄膜,为了正确分析平面膜上单个小孔的透射特性,必须考虑到实际金属的电导率是有限的。渗透入屏栅中的入射光场能够在小孔的边缘激发局域表面等离激元[Degiron et al. , 2004],类似于在第 5 章中描述的金属膜空隙的局域模式。当小孔被视作平坦的金属表面的局部缺陷时,可以预期传输型 SPPs 也可能被激发(见第 3 章)。然而,有关依靠单小孔激发 SPP 的详细研究仍有待证明。

单个亚波长小孔的局域表面等离激元的激发对于透射光谱 $T(\lambda)$ 的影响有两个重要的结果。很明显,由于小孔的边缘区域场的有限渗透,增加了它的有效直径(effective diameter)。与孔洞的实际直径相比,这反过来又会导致波导基模截止波长最大值 λ_{max} 的大幅增加。分析和数值模拟研究表明 λ_{max} 的增加幅度可以达到 41%[Gordon 和 Brolo, 2005],当所研究小孔的直径正好小于理想导电屏栅的截止直径时,上述情况必须进行考虑,也必须顾及到前面提到的透射系数的正确归一化问题。再者,类似于式(1.20)的自由电子介电函数描述的金属屏栅上圆孔透射问题的理论研究表明,在低于等离子体频率的情况下,对任意小的孔洞尺寸也有透射模式的存在[Shin et al. , 2005, Webb 和 Li, 2006]。上述模式对于亚波长圆孔透射特性的影响有待实验的证明。

另一个需要我们重点考虑的是局域表面等离激元模式的光谱位置取决于小孔的尺寸与几何形状。类比于第 5 章中金属纳米颗粒和纳米缝隙局域模式的讨论,在小孔边缘会有极大的场增强,这会增加局域模式的激发波长位置的透射。直到最近,随着聚焦离子束刻蚀在悬空金属膜层上制作单个孔洞工艺的发展,才能够详细地研究这一现象。利用该技术,Degiron 等人证实了悬空 Ag 膜上单个圆孔中存在局域等离激元模式(图 8.11(a))[Degiron et al. , 2004]。对于相对较薄但不透明的金属膜,存在通过小孔的隧穿效应,可观察到透射峰(图 8.11(b)),这归功于局域模式的激发。另外,局域等离激元模式的空间分布和光谱特征可通过使用高能电子束的激发得到。图 8.12 显示的是电子束诱导光发射(a)和相应的光谱(b),与透射光谱 $T(\lambda)$ 非常吻合。另外,同样的研究也首先证实了由于屏栅输出面的局域模式而产生的窄聚束效应(narrow beaming-effects)。

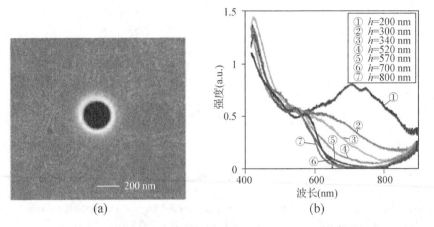

(a)　　　　　　　　　　　　　　(b)

图 8.11　(a)光通过独立 **Ag** 膜中单个亚波长孔洞的透射,(b)由于局部表面等离激元,厚度小的屏栅出现透射峰。经允许转载于[**Degiron et al., 2004**]。爱思唯尔出版公司 2004 年版权。

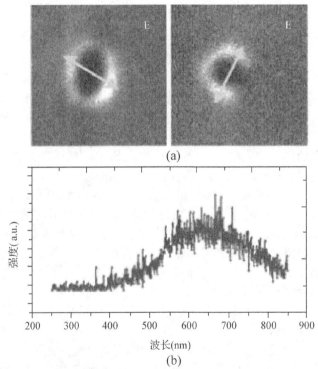

图 8.12　电子束诱导的表面等离激元出射光(a)对于两种不同偏振下阴极发光图像(b)相关频谱。经允许转载于[**Degiron et al., 2004**]。爱思唯尔出版公司 2004 年版权。

　　最新研究表明,局域模式对通过周期性亚波长小孔阵列的透射也有一定影响[Degiron 和 Ebbesen,2005],然而,和前面讨论的传输型 SPPs 的重要性相比,局域模式只会导致很小的变化[de Abajo et al.,2006,Chang et al.,2005]。

　　由 García-Vidal 等人完成的相关工作分析了对于如图 8.13(a)中所描述的长宽比

a_y/a_x变化的矩形小孔的透射共振[García-Vidal et al.，2005b]。该实验中一个重要的区别[Degiron et al.，2004]是金属屏栅被视作理想导体。因此，由孔洞边缘边界条件产生的局域表面等离激元模式的激发被排除，正如第 6 章中我们对低频率下理想导体模型的讨论。在屏栅上方和下方的半空间内的视野以及深度 h 的小孔区域内进行场的模式分析，揭示了在增加 a_y/a_x 比值和孔洞中填充介质常数的情况下，接近截止状态下 $T(\lambda)$（图 8.13(b)）中的共振。正如在光学研究中，这一增强是由于共振，如图 8.14 描述的，然而这不是表面等离激元的本质。在衰减模式和传播模式交叉的透射过程中大量物理现象已在相关研究中揭示过[Bravo-Abad et al.，2004b]。

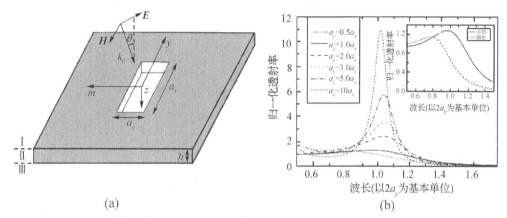

(a)　　　　　　　　　　　　　　　(b)

图 8.13　通过理想导体屏上单个矩形小孔的透射(a)几何示意图(b)垂直入射平面波对于不同长宽比率 a_y/a_x 小孔的归一化透射率 T；金属的厚度为 $h=a_y/3$。内嵌图中是圆形小孔和方形小孔透射率的对比。由 Francisco García-Vidal，Universidad Autónoma de Madrid 提供。经允许转载于[García-Vidal et al.，2005b]。美国物理学会 2005 年版权。

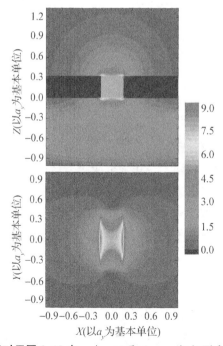

图 8.14　有关于入射场对于图 8.13 中 $a_y/a_x=3$ 和 $h=a_y/3$ 矩形小孔在共振波长处电场 E 的增强；上面板表示从小孔中心的穿透，下面板为输入表面的场分布。经允许转载于[García-Vidal et al.，2005b]。美国物理学会 2005 年版权。

在该章节的最后,我们想要指出由 SPPs 调控的单个小孔中的场隧穿增强效应可通过加强入射和出射面的耦合来实现,如在金属屏栅中采用多层结构[Chan et al., 2006, Zayats 和 Smolyaninov, 2006],或者在孔洞中填充高折射率介质[Olkkonen et al., 2005]。

8.5　异常透射的新兴应用

显然,频率选择性增强光透射(通过小孔阵列,甚至单个小孔,借助 SPPs,局域表面等离激元或小孔波导共振)不仅在基础研究上有吸引力,在实际应用方面也是一样。大量的理论和近期的实验研究已将在 $T(\lambda)$ 最大处被增强的场应用到相关领域,如在光开关中采用合适的非线性填充材料[Porto et al., 2004],或者在小孔内分子荧光发射增强[Rigneault et al., 2005]。非线性工作的目标是证实透射过程中的全光、电或者热交换。第 9 章将讨论金属结构中近场出射增强的物理机制。

通过纳米尺寸小孔的光透射之所以兴起是因其在近场光学方面的广泛应用。尽管贝特-布坎普理论的处理方法已被用于典型锥形近场光学探针,但到目前为止,人们尚不清楚如何将平面结构用于设计更高效率的近场光学探针设计。

Schouten 等人最近证实了等离激元辅助条件下的典型杨氏双缝干涉实验中的透射结果[Schouten et al., 2005]。另一个值得关注的研究是基于物质波屏栅亚波长小孔对冷原子共振传输的预测[Moreno et al., 2005]。

8.6　无孔薄膜中的光透射

在本章结束之际,我们简单讨论无孔金属薄膜上由表面等离激元调控的光透射。在第 2 章中,我们描述了在厚度比趋肤深度小的金属薄膜中,顶部和底部界面之间维持的 SPPs 相互作用,从而形成耦合束缚和泄漏 SPP 模式。对于嵌入在对称电介质中的无限宽薄金属层,两种束缚的耦合模式具有完全不同的宇称,而且随着膜层厚度的减少,两种束缚场的变化趋势完全相反。如果利用光栅结构对两个表面都另外调制,在光直射下,SPPs 可在界面的一侧通过光栅耦合而激发,并可以隧穿过金属薄膜,当两侧的光栅周期和高度都相同时,SPPs 可在另一侧再出射。具有波纹状、无孔金属薄膜的光透射,伴随着入射面和出射面两侧光栅凹槽内的能量的高度局域化[Tanet al., 2000]。

虽然我们可能认为在两个界面上,随着金属膜厚度减小,SPP 模式之间重叠增加,透过率单调递增。然而,对于位于高折射率衬底如棱镜上的金属薄膜,透射系数其实可在某一特定薄膜厚度 d_{crit} 达到最大值。这是由于随 d 增加引起的吸收增加,和光场增强的竞争效应:棱镜中的泄漏辐射的减少补偿了吸收的增强,可由光栅耦合直接入射[Giannattasio et al., 2004]以及利用掺杂荧光染料的覆盖层上的局域等离激元激发来证明[Winter 和 Barnes, 2006]。

Hooper 和 Sambles 证实了如果薄膜两侧光栅不同,产生的物理现象是全新并且丰富的[Hooper 和 Sambles, 2004a]。特定的条件下,可产生类似于具有小孔的金属薄膜上的异常透射,针对提高有机发光二极管外量子效率的应用也已被证实[Wedge et al., 2004]。类似现象也出现在二维纹波形金属薄膜上[Bonod et al., 2003, Bai et al., 2005]。

　　上述所有研究大都集中于介质/金属/介质三层结构上的耦合 SPP 模式。增强透射也会通过金属/介质/金属结构的对立面的束缚模式而实现,而在上述结构上,两层金属表面之间的间隙里,高度局域化的模式被激发。最近近场成像方面的研究已首次证实上述效应[Bakker et al.,2004]。在第 11 章中,我们将进一步讨论成像应用中的平面金属膜中的光透射。

第9章 发射过程和非线性增强

表面增强拉曼散射(SERS)是等离激元学迄今最重要的的应用之一,金属纳米结构近场区域内的强局域光场,使得相应分子的自激拉曼散射得到增强。1997年已经有人采用化学方法处理后的Ag粗糙表面,使单分子拉曼散射横截面上的增强因子高达10^{14}[Kneipp et al.,1997,Nie和Emery,1997]。上述散射增强本质上是由纳米颗粒之间的局域表面等离子共振导致的散射光场增强引起的。尽管增强因子不高,但名为"热点"(hot spots)的高度局域场也能引起荧光增强。对热点产生的合适解释和控制,是当前拥有可调光学性质的纳米颗粒组装设计——例如纳米尺度的等离子体腔——背后的主要驱动力之一。

本章主要介绍金属纳米结构中局域等离激元模式在SERS中应用的基本原理和对应结构。在这一章中,我们将总结基于散射型计算的理论模型,也将介绍一种用于SERS的微腔模型,为这类光与物质互作用过程提供通用设计原理和标尺化定律。有关金属纳米结构近场中的荧光发射增强和非辐射跃迁引起的淬灭过程也有详细阐述。本章结尾将讨论贵金属纳米颗粒的自发光增强和相关非线性过程。

9.1 表面增强拉曼散射基本原理

如图9.1(a)所示,分子中的拉曼效应(Raman effect)记录了光子与分子之间的非弹性散射过程,而分子的转动或振动模式对上述过程存在影响。散射过程中的能量交换使入射光子能量$h\nu_L$发生偏移,偏移量为分子特征振动能量$h\nu_M$。偏移可以在两个方向上发生,取决于分子是位于基态还是激发态。第一种情况,激发振动模式使光子损失能量(斯托克斯散射(Stokes scattering));第二种情况,模式去激发使光子获得能量(反斯托克斯散射(anti-Stokes scattering))。因此这两种拉曼散射(Raman scattering)的光频率为

$$\nu_S = \nu_L - \nu_M \tag{9.1a}$$

$$\nu_{aS} = \nu_L + \nu_M \tag{9.1b}$$

图9.1(b)为典型的荧光光谱和拉曼光谱(Raman spectrum)的比较。图中显示,由于非弹性电子弛豫到激发态低能级,荧光光谱相对较宽,而拉曼光谱较窄,因此可以对分子进行更详细的研究。一般来说,拉曼跃迁(Raman transitions)中的光子不会与分子发生共振,而且激发发生在虚能级间。这种跃迁是完全的散射过程,不存在光子吸收和辐射,即使入射光子与跃迁电子发生共振,上述说法也是成立的。虽然共振拉曼散射光强度比普通拉曼散射光强,但其效率仍然比荧光跃迁低。典型的拉曼散射横截面积σ_{RS}一般比荧光发射的小10倍。一般,$10^{-31}\,\mathrm{cm}^2/$分子$\leqslant\sigma_{RS}\leqslant10^{-29}\,\mathrm{cm}^2/$分子,取决于散射是共振的还是非共振的。

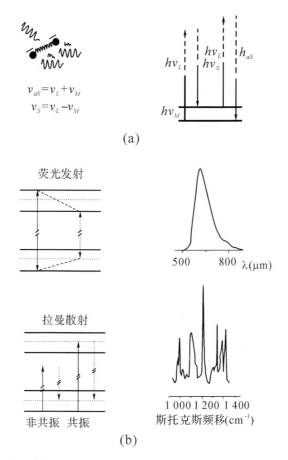

图 9.1　拉曼散射和荧光发射示意图。(a)斯托克斯和反斯托克斯散射的产生。(b)荧光发射和拉曼散射的能级图和相应的光谱。经允许转载于[Kneippet al.，2002]。美国物理联合会 2002 年版权。

这里所述的拉曼散射是自激(spontaneous)散射过程(与受激相反),因此是线性过程:非弹性散射的总能量和入射激发光的强度呈线性关系。我们接下来将讨论斯托克斯散射过程,它的散射光的能量可以表达为

$$P_S(\nu_S) = N\sigma_{RS}I(\nu_L) \tag{9.2}$$

其中,N 为发生斯托克斯散射时对应区域内的散射主体个数,σ_{RS} 为散射横截面积,$I(\nu_L)$ 为激发光束的强度。

SERS 本质上即是将拉曼光激发的分子置于金属纳米结构的近场区域。纳米结构可以由金属胶体构成,也可以是经过设计的纳米颗粒阵列或者粗糙面。

P_S 的增强缘起两个效应:首先是分子环境改变引起的拉曼散射横截面的变化,状如 $\sigma_{SERS} > \sigma_{RS}$ 的改变通常被叫做拉曼增强的化学或电贡献,理论上,横截面积的改进可导致的最大场增强大约为 100 倍。

另外一个重要的因素就是局域等离激元(localized surface plasmons)激发引起的电磁场增强和金属界面处电势线聚集(避雷针效应(lighting rod effect))[Kerker et al.，1980,Gersten 和 Nitzan,1980,Weitz et al.，1983]。此时入射光和发射光场都被增强,即 $L(\nu) = |E_{loc}(\nu)| / |E_0|$,其中 $|E_{loc}|$ 为拉曼散射激发点处的局域场振幅,$L(\nu)$ 叫做电磁场增强因子,表面增强拉曼散射(SERS)条件下,斯托克斯光束(Stokes beam)的总能量为

$$P_S(\nu_S) = N\sigma_{SERS}L(\nu_L)^2 L(\nu_S)^2 I(\nu_L) \tag{9.3}$$

由于入射光子与散射光子之间的频率差 $\Delta\nu = \nu_L - \nu_S$ 远小于局域表面等离激元模式的线宽 Γ，即 $|L(\nu_L)| \approx |L(\nu_S)|$，我们可以发现电磁场对表面增强拉曼散射(SERS)的总增强与场增强因子的四次方成比例，因此斯托克斯光束的功率增强表达式可写为[Kerker et al., 1980]

$$R = \frac{|\boldsymbol{E}_{loc}|^4}{|\boldsymbol{E}_0|^4} \tag{9.4}$$

对于表面增强拉曼散射，我们仅限于初步探讨，本章集中讨论场增益因子 $L(\nu)$。对表面增强拉曼散射需要详细了解的读者可以参看相关的综述[Kneipp et al., 2002, Moskovits, 1985]。

电磁场增强的物理本质主要有两个方面，一个是金属纳米结构中的局域表面等离子共振激发造成的增强效应，另一个是所谓的避雷针效应[Gersten 和 Nitzan, 1980, Kerker et al., 1980, Liao 和 Wokaun]。两者中只有等离子共振与频率紧密相关，而尖端效应则纯粹是电势线聚集的几何现象和随之而来的金属尖端上的场增强。因此，我们将 $L(\nu)$ 写成 $L(\nu) = L_{SP}(\nu)L_{LR}$，这个描述适用于金属纳米结构附近的拉曼增强、共振拉曼增强和荧光增强。

L_{SP} 的函数形式本质上是给定几何形状的金属纳米结构的极化率 α。对于亚波长的球形纳米颗粒，参考式(5.7)，我们得到：

$$L_{SP}(\omega) \propto \frac{\varepsilon(\omega) - 1}{\varepsilon(\omega) + 2} \tag{9.5}$$

类似地，对于椭球形颗粒，其极化率的适当形式如第 5 章所述，而 L_{SP} 为颗粒表面上的平均场增强。此外，因介电位移场连续性造成的，在扁球体尖端处的额外场增强可由尖端场增强因子 L_{LR} 表述，与金属和周围介质(通常是空气)的介电常数成比例。对于更复杂的结构，增强因子一般是利用数值计算获得。

9.2　基于微腔场增强的表面增强拉曼散射

利用分子与电磁微腔模式的互作用可以从不同的角度来描述表面增强拉曼散射。微腔可由紧密相邻的金属纳米颗粒连接构成，即是实验中所观察到的单分子表面增强拉曼散射的热点[Kneipp et al., 1997, Nie 和 Emery, 1997]。微腔内的电磁场增强可以利用定义光谱模式能量密度的品质因子 Q 和描述空间模式能量密度的有效模式体积 V_{eff} 表示。如第 2 章所述，在两个紧密靠近的金属表面间隙内传播的 SPPs 的有效模式长度比填充介质中的衍射极限小。对于由等离激元微腔内的有效模式体积和金属纳米颗粒中的局域模式也是适用的。

Maier 等人利用波导-微腔耦合概念去分析入射光中的金属纳米结构中的场增强[Maier, 2006b]，认为自发拉曼散射过程中，频率为 ω_0，强度为 $|\boldsymbol{E}_i(\omega_0)|^2/2\eta$(其中 η 为自由空间的阻抗)的入射激发光，激发拉曼特性分子并发射频率为 ω 的斯托克斯光子。正如前面章节所述，由于小的斯托克斯光子发射偏移，可以想象激发场和输出斯托克斯场的增强程度相当。在腔内场增强的情况下，我们可以设定入射光子和发射光子都可以与腔发生共振，即 $Q(\omega_0) = Q(\omega) = Q$ 和 $V_{eff}(\omega_0) = V_{eff}(\omega) = V_{eff}$。为了计算场增强 R，我们

一般通过式(9.4)定义,通过 Q 和 V_{eff} 表达。

横截面为 A_i 的入射光束的能量为 $|s_+|^2 = |E_i|^2 A_i / 2\eta$,在微腔中进行共振模式幅度的演化可以利用关系式 $\dot{u}(t) = -\dfrac{\gamma}{2} u(t) + \kappa s_+$ 计算,其中 u^2 表示腔内总时间平均能量。$\gamma = \gamma_{\text{rad}} + \gamma_{\text{abs}}$ 是由于辐射和吸收造成的能量衰减速率,κ 为外能量输入的耦合系数,与激发光束的尺寸和形状相关。κ 也可以表示为 $\kappa = \sqrt{\gamma_i}$,其中 γ_i 为激发渠道中对总辐射衰减速率的贡献[Haus,1984]。对于左右对称微腔,在一阶近似中,可以估计 $\gamma_i = (\gamma_{\text{rad}}/2)(A_c/A_i)$,$A_c$ 对应谐振腔模式(辐射场镜像返回腔内的近场)中的有效辐射横截面积。注意前面关系式已经假设 A_i 比 A_c 大;A_c 比衍射极限面积 A_d 大($A_d \leqslant A_c \leqslant A_i$)。综合考虑,稳态模式振幅可以表示为[Maier,2006b]

$$u = \frac{\sqrt{2\gamma_{\text{rad}} A_c / A_i}\,|s_+|}{\gamma_{\text{rad}} + \gamma_{\text{abs}}} = \frac{\sqrt{\gamma_{\text{rad}} A_c}\,|E_i|}{\sqrt{\eta}\,(\gamma_{\text{rad}} + \gamma_{\text{abs}})} \tag{9.6}$$

在入射能量固定下,当空间模式匹配时($A_c = A_i$),振幅达到最大值。

由于辐射衰减和吸收衰减的作用并不一样,我们必须将介质腔和金属腔区分开。对于介质腔($\gamma_{\text{rad}} \gg \gamma_{\text{abs}}$),$u \propto 1/\sqrt{\gamma_{\text{rad}}} \propto \sqrt{Q}$;对于金属腔($\gamma_{\text{abs}} \gg \gamma_{\text{rad}}$)$u \propto 1/\gamma_{\text{abs}} \propto Q$,这解释了不同文献中所提介质腔[Spillane et al.,2002]和金属腔[Klar et al.,1998]中存在共振时,体现出的不同的场增强标尺律。

由于有效模式体积把局域场和微腔中总电场能量联系在一起,因此共振模式的振幅为 $u = \sqrt{\varepsilon_0}\,|E_{\text{loc}}|\,\sqrt{V_{\text{eff}}}$。因此利用式(9.6),金属腔内入射辐射的场增强可以估计为

$$\sqrt{R} = \frac{|E_{\text{loc}}|^2}{|E_i|^2} = \frac{\gamma_{\text{rad}} A_c}{4\pi^2 c^2 \eta \varepsilon_0 \lambda_0} \frac{Q^2}{V_{\text{eff}}} \tag{9.7}$$

对于金属表面上聚集的碎片形式的金属纳米颗粒,其等离激元能量的比例定律与上式相似[Shubin et al.,1999]。

上述表达式可以用来估计两个 Ag 纳米颗粒间纳米间隙的 R 值,在这个间隙中当共振时,相关表面增强拉曼散射热点上增强系数 R 估计约为 10^{11}。上述间隙也可以近似成第 2 章描述的金属/空气/金属型的异质结构,横向宽度满足法布里 – 珀罗共振条件(Fabry-Perot-like resonance condition),即当耦合表面等离极化激元模式的半波长与微腔尺度吻合时基波谐振起振。因此,它的有效尺寸为间隙结构中有效模式长度 L_z,可利用第 2 章描述的步骤计算,$L_y \approx L_x = \lambda_{\text{SPP}}/2 = \pi/\beta$。利用简化的一维间隙为 1 nm 的 Ag/空气/Ag 结构分析计算 β 和 L_z,由于 $A_c = A_d$,(Q,γ_{rad})可以由 FDTD 计算得到,由式(9.7),激发光波长 $\lambda_0 = 400$ nm 条件下可以实现增强系数 $R \approx 2.7 \times 10^{10}$,与耦合颗粒的三维结构中进行的全场量模拟得到的结果一致[Xu et al.,2000]。

斯托克斯发射可以被观察到的整体增强可以看做是入射辐射场增强和斯托克斯频率处的辐射衰减速率增强的共同作用。众所周知,金属微腔内的偶极子振荡器会使其总衰减速率 $\gamma/\gamma_0 = (3/4\pi^2)(Q/V_{\text{eff}})$ 增加[Hinds,1994]。

然而,我们必须注意在研究中要把占主导地位的吸收损耗而非辐射损耗重点考虑。从微腔外的光发射搜集角度来看,我们应该用抽取效率 Q/Q_{rad} 来衡量整个微腔的场增强[Barnes,1999,Vuckovic et al.,2000]。斯托克斯线上的峰值发射频率处的发射增强

可表示为$(3/4\pi^2)(Q^2/\overline{V}_{eff})(Q/Q_{rad})$。结合式(9.7)所示的激发场增强关系式,此间隙中的整体增强估计为 1.5×10^{12},与实际观测值相近[Nie 和 Emery,1997,Kneipp et al.,1997]。该模型的更多细节可以参考[Maier,2006b]。

9.3　用于表面增强拉曼散射的结构

本部分将介绍一些已经在实验中观察到具有巨大拉曼散射增强效应的重要结构。为了获得局域场增强,一般是通过在平面上组装纳米间隙形式的金属纳米结构,使其具有强局域等离子共振。此外,由介质函数 $\varepsilon(\omega)$ 描述的金属材料内在响应适用于任何待研究的光谱区域。迄今,大多数的研究集中在 Au、Ag 两种材料,所以有报道的高增益表面增强拉曼散射一般都是在可见光区域。

本书的多处都有提及目前有记录的表面增强拉曼散射的最高增益系数是在粗糙 Ag 表面获得,高达 10^{14}[Kneipp et al.,1997,Nie 和 Emery,1997]。其中,电磁场效应对总的增强贡献了高达 10^{12} 的因素。把局域场振幅式(9.4)考虑在内,粗糙表面在"热点"上的增益因子 $L(\nu)$ 高达 1 000。

Garcia-Vidal 和 Pendry 将上述粗糙表面结构模型化为平面上间隔紧密的圆柱阵列模型(图 9.2(a))[García-Vidal 和 Pendry,1996]。经过散射分析计算,此拓扑类型的相邻圆柱间隙中的表面增强拉曼散射增强因子可达 $R\approx10^8$(图 9.2(b))。两金属圆柱表面形成的间隙区域中由局域等离激元模式引起的场分布如图 9.3 所示,相邻圆柱体之间传导电子的运动导致在附近表面相反的电荷密度分布。这个模式与第 2 章和前文所描述的金属/空气/金属的异质界面处的耦合表面等离极化激元(SPP)模式有关。对金属纳米颗粒间隙的电磁场数值计算的深入更加证实了局域间隙模式对表面增强拉曼散射的重要性,也确定了单分子增强探测是可能的[Xu et al.,2000]。上述的研究也已证明了在纳米间隙中通过强烈的场梯度实现的增强型光作用力可以令分子具有极化特性,并能使其束缚于间隙内。

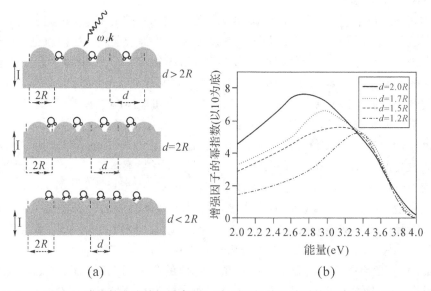

(a)　　　　　　　　　　　　(b)

图 9.2　一系列 Ag 半圆柱组成的粗糙表面(a)和不同间隙尺寸时的间隙中的局域场增强(b)。经允许转载于[**García-Vidal 和 Pendry,1996**]。美国物理学会 1996 年版权。

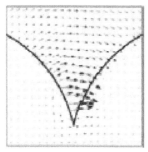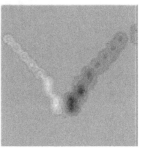

图9.3 图 9.2 中的相邻半圆柱间的电场分布和梯度分布。经允许转载于[**García-Vidal 和 Pendry, 1996**]。美国物理学会 1996 年版权。

局域等离激元在金属表面分子拉曼散射增强中有重要作用的发现,令当前的研究大量集中于表面结构可控且表面增强拉曼散射(SERS)性能最优的基底设计和制备。由间隔紧密的纳米颗粒阵列(某种意义上类似可调控的粗糙表面),特别是规则形状纳米结构或纳米间隙组成的基底,其表面增强拉曼散射(SERS)已被分析是有效的。

例如,孤立金属纳米颗粒的表面增强拉曼散射已经可以用金属薄膜上规则排列的颗粒阵列的拉曼光谱远场信息表征,如第 5 章所描述,其中的局域表面等离子共振受颗粒间的远场耦合作用调控[Félidj et al.,2004,Laurent et al.,2005a]。不同形状的纳米颗粒的研究已经证实局域表面等离激元模式对拉曼增强有重要作用[Grand et al.,2005],长径比较大的纳米颗粒中的多极激发也对表面增强拉曼散射(SERS)有贡献[Laurent, et al.,2005b]。另一个有前景的颗粒形状是金属纳米核壳[Xu,2004,Talley et al.,2005],在近红外区域中它能通过减小等离激元线宽实现明显的场增强。关于表面等离子共振引起的场增强,也可以通过把颗粒放置在微腔中[Kim et al.,2005],或者在连续金属膜上将局域等离激元与传播型 SPPs 进行耦合[Daniels 和 Chumanov,2005],效果更加明显。

图 9.4 所示为制备有纳米孔栅格的金属膜平面[Baumberg et al.,2005],在这种情况下,这些纳米栅孔既支持局域等离子共振,也可以在栅格常数满足相位匹配条件时激发 SPPs(图 9.4(b))。等离激元通过分子的拉曼散射成为低频等离激元,随后又散射为光子。然而当下,纳米栅孔修饰的金属膜平面上可观察到的单分子拉曼散射增强程度比之前提到的粗糙平面来得低。

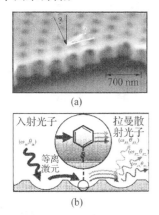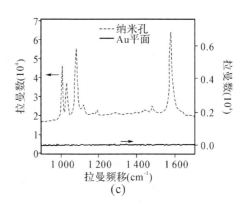

图9.4 利用纳米孔隙金属膜为基底的表面增强拉曼散射。(a)表平面的 SEM 图,(b)表面增强拉曼散射过程示意图,(c)表面增强拉曼散射光谱图。经允许转载于[Baumberg et al.,2005]。美国化学学会 2005 年版权。

为了使纳米结构修饰的单分子上拉曼散射电磁场增强系数达到 1 000 量级,金属纳米颗粒表面的间距必须调控到和自然粗糙表面一样的纳米级别。如新月形状的金属纳米颗粒,颗粒的两个尖端的间隙很小[Lu et al.,2005]。Lu 和同事通过纳米球的金属化倒角(angled metallization of nanospheres)实现了上述颗粒制备(图 9.5(a))。电磁场模拟计算发现在尖端上有很高的电磁场增强(图 9.5(b)),可以认定是由局域等离子共振和场尖端效应引起。尖端上的场增强量级超过 100,导致斯托克斯增强达到 10^{10}。相对放置的纳米小三角构成的小间隙中也可以得到相似的增强效果[Sundaramurthy et al.,2005]。

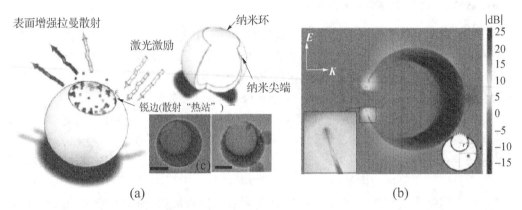

图 9.5　新月形状结构的合成过程(a)和月亮结构尖端的热点的电场分布图(b)。经允许转载于[Lu et al.,2005]。美国化学学会 2005 年版权。

由多孔模板制成的,整齐的、高长径比的纳米线阵列也是另外一个有前景的可靠的可实现表面增强拉曼散射的基底材料。图 9.6 为利用多孔 Al 模板合成的 Ag 纳米线扫描电子显微(SEM)图和表面增强拉曼散射光谱图[Sauer et al.,2005]。利用多孔 Si 为基底制成的树突状金属结构也被验证具有类似作用[Lin et al,.2005]。

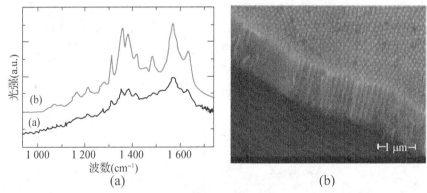

图 9.6　利用多孔 Al 模板制成的 Au 纳米线阵列的表面增强拉曼散射光谱图(a)和 SEM 图(b)。经允许转载于[Sauer et al.,2005]。美国物理联合会 2005 年版权。

大多数情况下,表面增强拉曼散射研究中的基底材料都是使用 Au 或 Ag 纳米结构,因此局域表面等离子共振多集中在可见光或近红外区域(细长颗粒),而拉曼散射也集中在上述区域。为了拓展表面增强拉曼散射的频谱,尤其是紫外区域,其他类型的金属材料最近也已经投入研究,如 Ni[Sauer,et al.,2006]。尽管增益系数一般,但 Lr 和 Ru 在紫外区域的应用似乎特别有前景[Ren et al.，2003，Tian 和 Ren，2004]。

　　虽然具有表面增强拉曼散射效应的粗糙金属表平面在生化传感的应用潜力巨大，但更多材料研究领域的应用是利用拉曼散射研究半导体和具有吸收特性的薄膜，而非单分子。在这种情形下，我们希望得到具有空间分辨率的拉曼光谱，通常是利用光学显微镜扫描被激发光束照射的薄膜样品。为了实现类似结构的拉曼信号增强，有人提出了尖端增强拉曼散射（tip-enhanced Raman scattering）[Lu，2005]，即尖锐的金属尖端在类似于STM、AFM 或者音叉测量中所用反馈的控制下遍扫平面。外部聚焦激光束照射金属尖端，在局域共振和尖端效应共同作用下产生场增强。为了观察尖端的明显场增强，我们需要选择一个能产生纵向偶极子电荷分布的照明方案。如果从底部照射，需要含有强纵向场成分的高度聚焦的高斯光束（Gaussian beams）或者厄米 - 高斯光束（Hermite-Gaussian beams）[Hayazawa et al.，2004]。圆锥形状的金属尖端上的场增强，既源自尖端的局域模式，也受其表面的表面模式影响。例如，图 9.7 为基于时域有限差分计算的，在频率为 $\omega_p/\sqrt{3}$，以一定角度入射的光照射下，金属尖端的局域模式电场增强图（图（a）、（b）），而图（c）、（d）则是在频率为 $\omega_p/\sqrt{2}$，垂直入射下圆锥表面的表面等离激元模式的场增强情况[Milner 和 Richards，2001]。

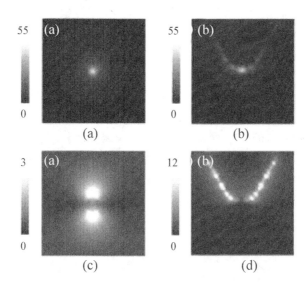

　　图 9.7　Ag 圆锥体的电场增强的 FDTD 仿真结果，Ag 圆锥体的半角为 30°，球形顶端的半径为 20 nm。上行显示了当椎体尖端置于玻璃基片上方 2 nm 处时尖端在共振频率下的场分布。下行为尖端在 Ag 锥的表面等离子共振频率下的场分布。（a）玻璃基片侧面的正视图。（b）穿过 Ag 锥对称平面的侧视图。经允许转载于[**Milner 和 Richards，2001**]。布莱克威尔出版社 2001 年版权。

　　除了第 7 章中讨论的由 SPP 聚焦造成的金属尖端内在增强之外，尖端与样品构成微腔中的场增强也对总体的场增强有一定作用。类似技术已经被应用于对核苷酸[Watanabe et al.，2004]和碳基小分子[Pettinger et al.，2004]的研究中。在碳纳米管构成的基底上其拉曼散射空间分辨率已被证实可达到 25 nm[Hartschuh et al.，2003]。

9.4　荧光增强效应

在金属表面附近由局域等离子共振和传播型 SPPs 引起的场增强效应同样能引起近场内荧光样本的增强发射。然而，对于存在于金属表面并与之接触的荧光分子，要采取必要的措施避免非辐射跃迁引起的荧光淬灭。因此，观察增强型荧光光谱时，经常需要一个几纳米尺度的介质层来阻止荧光分子在金属上的非辐射跃迁。我们在第 4 章介绍用于 SPPs 传播的荧光成像时已有所提及。

下面以一个特例来简要阐述上述复杂的互作用过程。Anger 等人对亚波长 Au 颗粒球附近的单个荧光分子的发光增强和淬灭过程进行了深入的研究[Anger et al.，2006]。入射光激发分子产生荧光效应，由于 Au 颗粒的等离子共振产生了巨大增强效应，随后的分子光辐射特性取决于辐射衰减和非辐射衰减间的平衡。因为荧光分子与金属球的距离小，非辐射能量转移给纳米颗粒，所以尽管局域场增强使激发速率增加，但是可以判断出荧光发射概率会降低。

对于弱激发，荧光发射速率 γ_{em} 与激发速率 γ_{exc} 和总的衰减速率 $\gamma = \gamma_r + \gamma_{nr}$ 有关，即

$$\gamma_{em} = \gamma_{exc} \frac{\gamma_r}{\gamma} \tag{9.8}$$

其中，γ_r 和 γ_{nr} 分别为辐射衰减速率和非辐射衰减速率，发射概率 $q_a = \gamma_r/\gamma$ 也叫做发射过程的量子效率。荧光发射过程可以看做是两能级的分子跃迁模型，由于 Au 纳米颗粒而引起的电磁场环境的改变可用格林函数来描述。这项研究发现当荧光分子与纳米球之间的间距为 z 时，把纳米颗粒当做简单的偶极子和当做多阶极子时存在重大区别。图 9.8 展示了量子效率 q_a 和归一化后的激发速率及荧光发射速率，两者与荧光分子和可变尺寸亚波长金属纳米球的间距有关。把高阶作用考虑在内（排除单偶极子耦合效应），相关研究通过实验证实了由于非辐射能量转移，在荧光分子与纳米金属结构构成的间隙中存在辐射淬灭。有趣的是，我们发现 γ_{nr} 与欧姆热量成比例，且最大荧光增强不一定出现在发生等离子共振频率点。

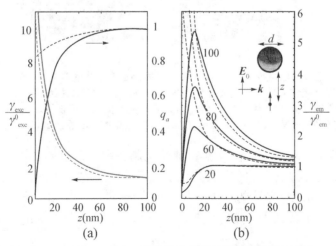

图 9.8　距离直径为 80 nm 的 Au 球为 z 长度的单分子计算得到的量子效率 q_a，激发速率 γ_{exc} 和荧光发射速率 γ_{em}。经允许转载于[Anger et al.，2006]。美国物理学会 2006 年版权。

图 9.9(a)为一个用于观察荧光发射与上述间隙距离之间依赖关系的装置,金属球颗粒被固定在近场光学显微镜的扫描探针上,金属球与放置在基底上的荧光分子的间距可变。图 9.9(b)为经计算得出的球 - 平面构成微腔中的场分布情况。

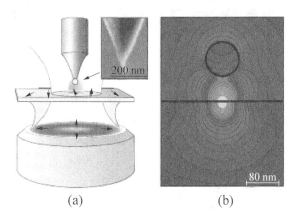

图 9.9 **Au** 球附近的单分子荧光发射研究的实验装置图(a)和计算得到的位于 **Au** 球下面 **60 nm** 的基底上的发射物的场分布图(b)。经允许转载于[**Anger et al.,2006**]。美国物理学会 2006 年版权。

与理论预测一致,该项实验尖端与分子之间的垂直距离与单分子荧光发射速率存在函数依赖关系(图 9.10(a))。如图 9.10 的(b)、(c)所示,单分子发射强度的实测图与理论计算图相当吻合。有趣的是量子效率的降低不仅是因为非辐射衰减速率的增加,还与分子颗粒微小间隙中辐射衰减过程中因相位引起的降低有关[Dulkeith et al.,2002]。近场光学显微镜是以可控方式研究荧光发射增强和淬灭过程的简便方法之一,与此同时,也出现了其他有潜力的结构装置,如用嵌入分子有机层填充的金属隧道结[Liu et al.,2006]。

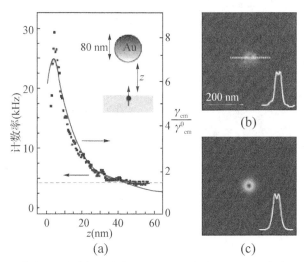

图 9.10 **Au** 球附近的单分子实验得到的荧光发射速率(点)与图 **9.8**(b)中的理论曲线的比较 (a) 和近场比较图(b),发射强度理论计算图(c)。经允许转载于[**Anger et al.,2006**]。美国物理学会 2006 年版权。

Xu 等人已经验证了金属表面或纳米颗粒附近的拉曼散射增强和荧光增强可以统一描述[Xu et al.,2004,Johannsson et al.,2005]。本章节不对荧光增强作更深入的描述,而是会对其他发射增强过程作简要介绍。

9.5　纳米金属结构的发光

贵金属材料光致发光现象的首次发现是由 Mooradian 利用 2 W 功率、连续输出的 Ar 激光束辐射 Au 和 Cu 材料观察到的[Mooradian，1969]。光致发光中 d 轨道的电子被激发到 sp 导带轨道，随后直接辐射复合，在发光谱峰位于带间吸收边缘围绕区域的中心。由于非辐射弛豫过程占主体，上述发光过程的量子效率很低，对于光滑金属膜其量级只有 10^{-10}。

和拉曼散射增强相似，利用粗糙金属膜[Boyd，2003]和金属纳米颗粒[Link 和 El-Sayed，2000，Wilcoxon 和 Martin，1998，Dulkeith et al.，2004]可以显著增强光致发光效率（增强系数高达 10^6）。上述增强效应与等离激元激发引起的局域场增强模型和场尖端效应相关，可以利用本章开头介绍的增强因子 $L(\nu)$。沿用式（9.3）所述的拉曼增强尺度，因局域场模式的光致发光增强的尺度可以表述如下：

$$P_{\text{lum}} \propto L(\omega_{\text{exc}})^2 L(\omega_{\text{em}})^2 \tag{9.9}$$

其中 ω_{exc} 和 ω_{em} 分别为激发光频率和发射光频率。这个模型自然地解释了相关荧光光谱只有在等离子共振的地方才产生巨大增强，这已经被 Link 等人基于不同长径比的 Au 纳米棒的研究所证实[Link 和 El-Sayed，2000]。

在局域场分布图像上，尽管在高度局域场内，光致发光过程与平面上的情况并没有本质上的区别，在某种意义上，光发射就是由于 sp 轨道电子与 d 轨道电子之间的直接复合。Dulkeith 等人针对 Au 纳米球颗粒的光致发光研究中提出了另一种不同的增强过程模型，在他们的早先研究中，观察到的发光光谱与纳米球中局域等离激元光谱相近[Dulkeith et al.，2004]（图 9.11(a)）。然而，发光效率量级只有 10^{-6}，因此不能用局域场模型解释。作为替代，他们又提出了一个不同模型，认为大部分受激发的 sp 电子衰变演化成为等离激元（图 9.11(b)）。等离激元衰变渠道的决定因素是颗粒等离激元模式具有较高极化率，导致了辐射衰减速率远大于直接带间复合速率。上面的图中的增强光致发光与等离激元辐射衰减演变与光子有关。

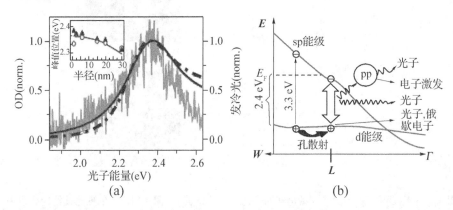

(a)　　　　　　　　　　　　　(b)

图 9.11　(a)半径为 **6 nm** 的 **Au** 纳米颗粒的光密度（黑线）和光致发光光谱（灰线）。虚线为利用米氏理论计算出的激发光谱。内嵌图为不同半径的 **Au** 纳米颗粒的光密度（三角形）和光致发光光谱（圆形）的峰值位置图。(b)等离激元调节的光致发光过程示意图。初始激发之后，**d** 能级上的空穴或者与 **sp** 能级上的电子辐射复合，或者以非辐射形式产生颗粒等离激元，颗粒等离激元将以辐射或者非辐射形式衰减。经允许转载于[**Dulkeith et al.，2004**]。美国物理学会 **2004** 年版权。

前文中讨论的发光过程本质上是线性的或单光子过程。利用多光子吸收也可以获得显著增强[Farrer et al.，2005]，但不在本书的讨论范围。

9.6　非线性增强过程

本章结尾讨论另外一种由局域表面等离激元引起的发射增强形式，即非线性光振荡。根据前面的局域场模式的讨论，我们可以轻易知道由于局域表面等离激元，像二次或三次谐波振荡类的非线性过程也将有显著增强。

原理上，非线性效应是由纳米金属结构本身的非线性磁化系数或周围主体材料的非线性特征引起的。非线性过程（二次或三次谐波振荡）在局域等离激元频谱内会被增强。本节主要描述由纳米金属结构自身引起的二次谐波振荡增强过程。

尽管金属晶格是体对称的，但金属表面可以发射二次谐波辐射的原因是由于金属表面的对称性被破坏[Bloembergen et al.，1968，Rudnick 和 Stern，1971，Sipe et al.，1980]。在与平面薄膜[Simon et al.，1974]或薄膜光栅[Coutaz et al.，1974]上的表面等离激元发生耦合后，上述的发射过程会被增强。在 Coutaz 的研究中，薄膜光栅的场增益系数比平面薄膜的高出 36 倍。在粗糙金属表面也可以观察到明显增强的二次谐波辐射，可以采用局域场模型加以解释[Chen et al.，1983]。因此，二次谐波辐射的能量 P_{SH} 可写为

$$P_{SH} \propto |L(2\omega)|^2 |L^2(\omega)|^2 \tag{9.10}$$

计算一般的 n 阶非线性增强过程时，必须用局域场 $E_{loc}(\omega)$ 代替非线性极化计算中的场 $E(\omega)$，即添加一个在发射辐射频率 ω 处的场增强因子，$E_{loc}(\omega) = L(\omega)E(\omega)$。

粗糙金属膜可以被视作是一种更常见的，具有固有随机特性的光学材料组合。光学颗粒组合的非线性性质可以利用麦克斯韦-加尼特模型（Maxwell-Garnett model）描述[Shalaev et al.，1996，Sipe et al.，1980]。对于这个理论的讨论超出了本书的范围，感兴趣的读者可以参看 Shalaev 关于这个主题的著作[Shalaev，2000]。

利用激光扫描显微镜可对粗糙的金属膜的二次谐波振荡增强进行观察，研究人员发现增强效应确实是归结于局域模式引起的高场强热点[Bozhevolnyi et al.，2003]。对于金属纳米颗粒，更详细的非线性特性研究为揭示等离激元寿命[Heilweil 和 Hochstrasser，1985，Lamprecht et al.，1999]和磁化系数[Antoine et al.，1997，Ganeev et al.，2004，Lippitz et al.，2005]提供了重要的信息。

第 10 章　光谱学与传感

纵观传感器应用领域,本章重点介绍单个金属纳米颗粒中局域等离子共振的不同技术光谱学的研究。单颗粒传感器的基本原理是利用共振态实际的光谱位置来探索其所依赖的近电磁场内的介电环境。在生物传感的应用中,功能化金属表面的分子吸附会引起等离激元模式的光谱变化。由于强局域化的特质,在表面等离激元近场内呈现明显的能量聚集,甚至于单层分子也能够导致可识别的光谱变化。在最近 20 年,这种高灵敏度使得表面等离激元传感器成为优秀的分析传感技术。

几乎所有生物传感器的设计中都会涉及的重要挑战是确定选择性。在基于表面等离激元的传感器中,金属表面的功能化可确保感知选择性约束的实现。我们的重点不在传感器的设计,而是特别注意金表面化学,因为 Au 原子与有机分子之间的硫化结合相对容易。因此,在实用化的光学传感中几乎都是选择 Au,包括基于表面等离激元的传感器。Au 的介电常数产生了一个重要结果,将其传感光谱范围通常限制在可见光和近红外波段。

我们将回顾局域表面等离激元的不同激励结构的研究,与第 3 章中表面等离极化激元(SPP)激发的类似讨论有关。本章第 2 部分主要介绍了基于传输型表面等离极化激元的传感器的不同方面,其依赖于散射关系变化和金属界面因折射率改变而形成的相位匹配条件。我们主要讨论两类特殊的激发结构:基于棱镜的耦合和采用金属薄膜覆盖的光纤耦合。我们将不对传感器的选择性和灵敏度进行讨论,读者如果需要对这一重要的省略部分进行了解,建议阅读 Homola 等人的相关综述[Homola et al. , 1999]。

10.1　单颗粒光谱

这一章节继续讨论在第 3 章已涉及的传输 SPPs 的激励机制,涉及金属纳米颗粒中局域等离子共振激发的不同方法。第 5 章中关于局域共振原理的描述表明采用常规的远场消光光谱能够确定规则的颗粒群(partical ensembles)的共振模式频率。从共振角度看,单颗粒的消光截面是共振增强的,在一个足够大的空间内,颗粒团的消光峰与单颗粒的局部等离激元频率一致。然而,由于颗粒形状的微小差别,会导致消光曲线不均匀地变宽。单个纳米颗粒(single nanoparticals)的光谱信息需要更加灵敏的探测技术(因为从辐射源到探测器中存在巨大的辐射背景),在本章节将加以阐述。

单颗粒等离子共振的研究不仅局限于基础理论(如:均匀线宽 Γ 的确定),而且也包括在传感中潜在的实际应用。因此,单金属纳米颗粒的传感机理是探测偶极性等离子共振的频移,而共振发生在纳米颗粒表面绑定的分子上,采用适当的光谱技术就能够实现对单个颗粒的测定。

我们简单地回顾一下:对于一个亚波长球形颗粒,当其直径 $d \ll \lambda_0$ 时,弱衰减情况下的偶极子模式的共振频率符合佛力施条件

$$\varepsilon(\omega_{sp}) = -2\varepsilon_m \tag{10.1}$$

其中 $\varepsilon(\omega)$ 是金属的介电函数,ε_m 是绝缘体的介电常数。根据第 5 章中的推导,式(10.1)假设寄主媒介的周围是一个无穷大的空间,偶极性等离激元模式的亚波长局域化意味着 ω_{sp} 仅仅被颗粒近场范围内候逝场的介质环境所决定。例如在颗粒表面上吸附单分子层来改变 ε_m,能够通过偶极共振频率 ω_{sp} 的改变来测定。

如果大量的颗粒以规则的阵列作为传感模板,当利用远场消光光谱时,这种方式的传感很容易实现,而基于单个金属纳米结构的传感器却是亟须的。首先,单个颗粒的问题不是在远场光谱中观察到的共振线形非均匀展宽。通过观察大量与颗粒相连分子而引起的共振峰频移,可实现对分子的局域方式检测,进而提高灵敏度。同样,基于亚微米尺度的单颗粒传感器在高通量分析研究中能够在传感位置上实现大规模集成。然而,这一想法的实现,需要首先制备合适的、相互平行的小间隔颗粒阵列。

对单颗粒传感器概念验证的研究依赖于亚波长单金属纳米颗粒等离子共振光谱的测定。本章将介绍适用于这一目的的四类重要的光学激发技术,包括全内反射光谱技术、近场显微技术、暗场显微技术以及光热成像技术,能够实现尺度小于 10 nm 的颗粒成像。

在全内反射光谱技术中,金属纳米结构沉积在棱镜顶部,满足全内反射条件时,可激发表面等离激元。与第 3 章中描述的在平面金属薄膜上 SPPs 的激发类似,棱镜上方的候逝场对界面处的模式起到局域激发源的作用,导致散射的共振增强。这种方式下,采用白光照射能够确定金属纳米颗粒中的空间限制模式的频率,同时从图 10.1 的远场收集可以测定散射光。

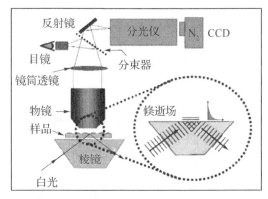

图 10.1 在棱镜中采用全内反射的候逝激发的单颗粒光谱和散射光检测的装置。经允许转载于 [Sönnichsen et al., 2000]。美国物理联合会 2000 年版权。

图 10.2 为利用上述方式的单个 Au 颗粒的等离激元光谱收集的示例。如式(10.1)所示,当金属颗粒浸入高折射率材料如水或油中时,偶极等离激元模式的共振峰发生红移。选取具有合适介电常数 $\varepsilon(\omega)$ 的金属材料,基于一阶米氏理论的横截面公式(5.13),预期的收集光谱强度变化可由一阶近似计算出来。对于浸入外部媒介的玻璃棱镜上的金属颗粒,其有效介电常数通常简单地近似为 $1/2(\varepsilon_{prism} + \varepsilon_m)$。

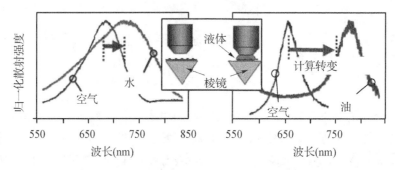

图 10.2　采用棱镜激发的颗粒等离子共振移动的测定。经允许转载于[Sönnichsen et al., 2000]。美国物理联合会 2000 年版权。

通过在研究颗粒的近场中放置小孔光纤针尖,使用近场光学显微镜(near-field optical microscopy)同样也能够测到单颗粒光谱。在最简化的形式中,颗粒在白光的局部照明下,光谱信息可在远场中通过监测辐射收集的光谱强度(透射或反射)分布来获得。利用这种方法,单颗粒中等离激元模式的共振频率和均匀线形可被确定。早期的单颗粒光谱学研究中使用了两种技术。第一种是近场照明,远场收集的透射近场光学显微技术[Klar et al., 1998],第二种是上文描述的棱镜耦合照明的收集模式近场光学显微技术,但其中近场收集取代了远场收集[Markel et al., 1999]。

在近期的研究中,Mikhailovsky 等人已经证实了利用透射模式近场光学显微镜的局部白光照明通过亚波长小孔,实现了对单金属颗粒等离子共振的高灵敏度探测,这也得益于在远场条件下光强分布包含了相位信息[Mikhailovsky et al., 2004]。金属颗粒使光发生前向散射,并与上述小孔收集的光发生相长或相消干涉[Batchelder 和 Taubenblatt, 1989]。图 10.3 为基于光纤的白光超连续光谱的实验装置示意图和光谱图。典型 Au 纳米颗粒的局部形貌图和光学近场图像如图 10.4(a)所示。

研究受激衰减振荡器模式中散射和吸收过程可以预测在 ω_{sp}(图 10.4(b))频率点的相消干涉和相长干涉的交替产生的近场成像。第 5 章中曾描述过在共振频率点附近,相位在激励场和 π 出现的电子的响应之间迁移 Φ,其中 $\Phi(\omega_{sp}) = \pi/2$。对于不同频率的近场成像的分析能够确定不同尺寸颗粒的共振频率 ω_{sp}(图 10.4(c))。

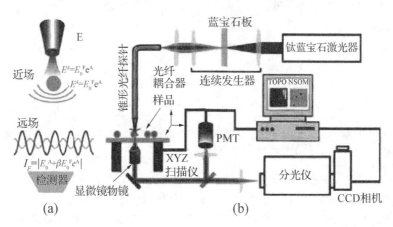

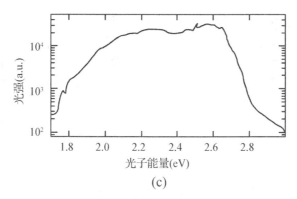

(c)

　　图 10.3　白光照射模式近场光学显微激励图(a)和实验装置图(b)。在光纤尖端的输出的白光超连续光谱(c)。经允许转载于[Mikhailovsky et al., 2003]。美国光学学会 2003 年版权。

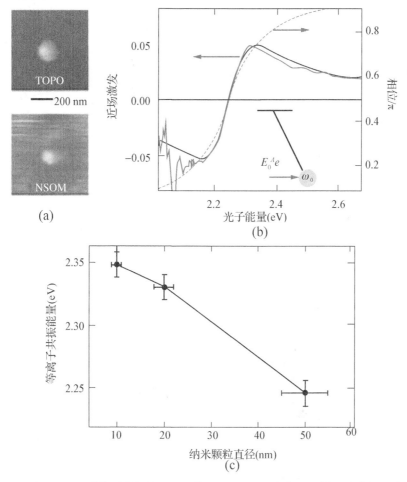

　　图 10.4　(a)50 nmAu 球的形貌图和近场图像。(b)采用受迫谐振子模型计算得到的单个 50 nm Au 颗粒的近场消光光谱(灰色实线)相比于干涉(黑线)和位相(虚线)光谱。(c)从光谱中得到共振频率与颗粒尺寸的关系。经允许转载于[Mikhailovsky et al., 2003]。美国光学学会 2003 年版权。

　　尽管近场光学消光显微镜可实现高空间分辨率的局域光谱,然而在颗粒近场中放置的光学探针在实际的传感应用存在不少困难。相关信息经常在液体环境中被监测到,而探针的移动将会导致严重的稳定性难题。此外,近场光学显微镜仅仅允许表面附近的光学测定,纳米颗粒内部的原位测量一般是不可能的。为实现这一目的的更适合的结构是暗场光学显微镜(dark-field optical microscopy),它是远场技术,而此技术只有经过纳米颗粒的光散射才被收集。此外,采用暗场聚焦透镜组不利于直射光的收集。因此,金属纳米颗粒在暗场中的成像呈现亮色,即由其散射截面(5.13)的共振频率 ω_{sp} 所确定。图 10.5(c)为典型的单个 Au 纳米颗粒的暗场成像。由于受照明点聚焦衍射极限的影响,所谓单颗粒成像灵敏度只对较分散的纳米颗粒有效。

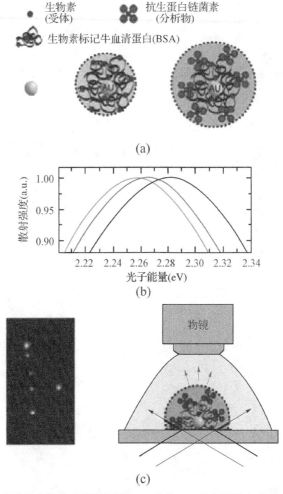

图 10.5　(a)单纳米颗粒生物传感器监测在 BSA 修饰 Au 纳米颗粒上的抗生蛋白链菌素的选择粘合的基本原理。(b)未修饰的颗粒,具有 BSA 涂层颗粒和 BSA-抗生蛋白链菌素涂层颗粒的散射光谱的米氏理论计算,表明了每一覆盖层共振的红移。(c)暗场图和探测路径的示意图。经允许转载于[**Raschke et al.,2003**]。美国化学学会 2003 年版权。

　　图 10.5 和图 10.6 为分子吸附监测的例子[Raschke et al.,2003]。Au 纳米颗粒的牛血清蛋白(BSA)复合涂层引起了 ω_{sp} 微小的红移,选择性地增加了抗生蛋白链菌素分子

的吸附(10.5(b))。吸附过程可通过记录实时的共振频移实现监测(图 10.6),颗粒完全被涂层包裹时会达到饱和状态。基于单个 Ag 纳米颗粒类似的研究表明可以实现 10^{-21} 摩尔量级的灵敏度,而且也首次应用于新兴的与医学相关的化验研究[Haes et al.,2004]。

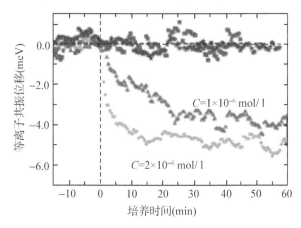

图 10.6　抗生蛋白链菌素－BSA 粘合对应于培养时间的共振位移,其中在 $t=0$ 时刻添加不同浓度 C 的抗生蛋白链菌,以及对照实验。经允许转载于[Raschke et al.,2003]。美国化学学会 2003 年版权。

单颗粒传感器中使用共振线形的设计使灵敏度进一步得到提升,上述设计可以采用金属纳米壳层[Raschke et al.,2004]、用于产生热点的近场耦合的颗粒阵列来得到[Enoch et al.,2004],或者采用薄膜上分布颗粒延伸的方法将颗粒等离激元与传输型 SPPs 耦合[Chen et al.,2004]。同样,采用延展的纳米颗粒也已使偏振灵敏度定向传感成为可能[Sönnichsen 和 Alivisatos,2005]。

Au 纳米颗粒良好的生物兼容性和发展成熟的表面化学特性使其进一步在细胞成像中得到广泛应用。在上述研究中,纳米颗粒对单分子或分子复合的跟踪主要充当标记媒介的作用。光学显微镜技术如上文提到的暗场照明,不同干涉的对照或者完全内反射照明能够用来获得图像采集。类似于上文概括的基于颗粒的新兴研究,首次用于研究从活体中提取光谱信息[El-Sayed et al.,2005]。

然而,暗场显微镜和其他依赖于散射光探测的成像技术并不适合于非常小的且浸入散射背景中的金属纳米颗粒($d \leqslant 40$ nm),如生物细胞等。这是由于第 5 章中所讨论的散射截面量级为颗粒直径的 d^6 的大小。因此,这些小尺寸颗粒的散射信号通常会被附近的大散射体淹没。为了光学分辨出这些小颗粒的信息,一种利用收集吸收信号取代散射信号的显微镜方法更为有效。根据米氏理论,吸收截面量级为直径的三次幂 d^3,因此,利用光热成像技术可在大颗粒背景下实现 10 nm 亚波长尺寸颗粒的信号识别[Boyer et al.,2002]。图 10.7 中为采用上述成像技术的光学装置,包含加热光束和另外一路相对较弱的探测光路,其中探针光路主要用来检测金属纳米颗粒周围因吸收而发生的热量变化。图中灰色实心区域标注的探测光束劈分成正交的两路,而两路光束都会聚焦至样品上,两个衍射极限点间距的量级为 1 μm。加热光路仅仅与其中一个探测光路叠加,使其偏振方向上产生因热量引起的变化。两路探测光束再次汇集后会实现光强的调制,因此通过扫描系统可以实现样本成像。采用这一技术实现的活体成像如图 10.8 所示,对比散射图像和荧光图像,对于附着 Au 纳米颗粒的生物细胞,其成像的空间分辨率得到明显的提高。

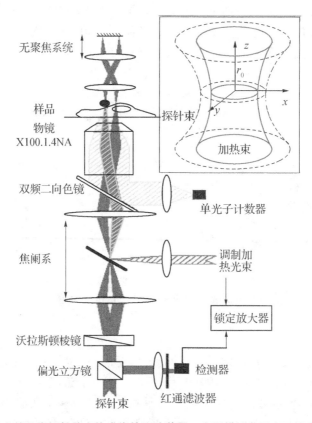

图 10.7　非常小的纳米颗粒的光热成像的实验装置。主要描述见正文。经允许转载于[Cognet et al.，2003]。美国国家科学院 2003 年版权。

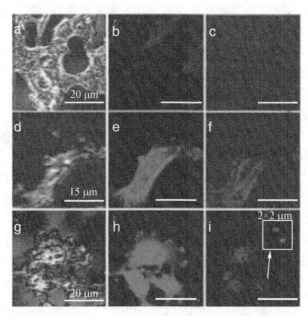

图 10.8　细胞的散射(a,d,g),荧光(b,e,h)和光热图像(c,f,i)。所有的细胞被 Au 纳米颗粒转染,其中 Au 纳米颗粒被细胞膜蛋白功能化(a～f 的浓度为 10 μg/L,g～i 浓度为 0.5 μg/L),a～c 表明细胞在此蛋白下没有表达,d～i 细胞发生表达,因此与颗粒粘合。用光热成像获得的 f 和 i 图像的分辨率最高。经允许转载于[Cognet et al.，2003]。美国国家科学院 2003 年版权。

　　介绍下文之前,我们简单地介绍另一项有前景的技术——基于电子碰撞激发的局域表面等离激元光谱技术。在阴极射线荧光(cathodoluminescence)成像应用中,高能电子束轰击下产生的用于金属纳米结构光子发射的成像传感,信号由适当的探测路径来收集[Yamamoto et al,. 2001]。图 10.9(a)展现了一个 Ag 颗粒(140 nm)在 200 keV 电子束的轰击下的激发光谱,并与理论值进行了比较。由于颗粒的尺寸较大,其四极和偶极模式信号都能被识别。此项技术优良的特性之一是通过电子束在颗粒表面的扫描,模式的空间轮廓在各自的峰波长处能够通过光收集被绘制出来(图 10.9(b))。同样的技术也可用于传输型 SPPs 的激发和研究。

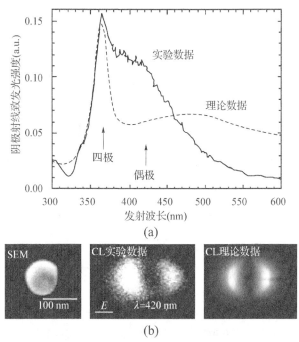

(a)

(b)

　　图 10.9　局域表面等离激元的阴极射线致发光图像和光谱。图(a):从 140 nmAg 颗粒传感的阴极射线致发光(CL),传感发生在衬垫表面剥落轨道中 200 keV 的通道中(裸露地接触颗粒表面)。偶极和四极组件在光谱中分离。图(b):从左到右:颗粒的 SEM 图像;CL 速率作为从颗粒上方扫描的电子束位置的函数,对应于光谱两极特征的发散波长;后者的理论预言。数据由 N. Yamamoto 和 F. J. García de Abajo 提供,个人通信。

　　上文提到的所有单颗粒光谱技术都基于显微镜,因此对基于场的传感一般不适用,例如环境检测等。基于局域颗粒等离激元的光谱传感器能够发展用于光纤传感的应用领域中。在典型结构中,金属纳米颗粒被固定在光纤的末端,白光照明下,反射光由光纤收集,但接口粗糙且分辨率糟糕[Mitsui et al., 2004]。将带有金属颗粒的末端浸入待研究环境可实现对气态或液态介质的折射率传感。

　　最近 Eah 等人应用此技术已经证明单颗粒的灵敏度[Eah et al., 2005]。图 10.10 为光学装置的示意图。单个 Au 纳米颗粒被固定在尖锐的光纤针尖末端上,即从金属胶体覆盖的平面上直接获取。在上述研究中,通过另一个二阶多模光纤来用做外部的照明,散射信号通过光纤尖端实现收集。图 10.11 是浸没在各种折射率溶液中时所收集的典型光谱。

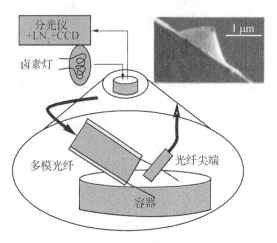

图 10.10　利用光纤测量各种溶剂中单个纳米颗粒的散射光学装置。内嵌图展现了一个连接光纤尖端的纳米颗粒的 **SEM** 图像。经允许转载于[**Eah et al.，2005**]。美国物理联合会 2005 年版权。

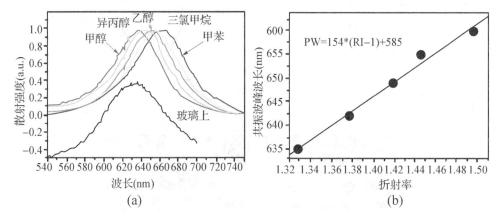

图 10.11　（a）光纤测得的在各种溶剂中的单个 **Au** 纳米颗粒的归一化散射光谱。（b）共振位置与溶剂折射率的关系图。经允许转载于[**Eah et al.，2005**]。美国物理联合会 2005 年版权。

10.2　基于表面等离极化激元的传感器

迄今为止,大多数表面等离激元传感工作的实现都不是基于颗粒等离子共振的光谱测定,而是通过探测在金属/空气界面处 SPP 波传输的情况。采用表面功能化处理方式可以实现利用特殊的修饰材料改变金属表面的折射率,进而改变传输型 SPPs 的散射关系。绑定过程可通过基于波长或角度改变相位匹配条件的研究来测定。第 3 章中所述的棱镜耦合和光栅耦合在信息传感应用领域已经成为 SPP 光束激发的首选方式。Homola 等人已经针对在传感应用中的上述技术进行了综述[Homola et al.，1999]。

光栅耦合和棱镜耦合在第 3 章中有详细的讨论,在传感中的应用方式简单,我们只介绍基于上述技术的几个扩展应用,特别是在提高传感灵敏度方面。总之,基于 SPP 的传感器性能会随着场约束程度以及传输长度 L 的增加而变化(注意:一方的增加将会导致另一方的减小)。作为基于低 SPP 传输损耗的结构应用的实例,采用棱镜耦合的多层结构的长程模式激发对实现传感以及提高灵敏度非常有用[Nenninger et al.，2001]。

进一步提高灵敏度的技术路线之一是改进棱镜耦合结构,因 SPP 激发场是横向的,而反射场的相位随相匹配条件而变,与前面章节中讨论的局域模式的相位敏感近场成像类似。采用包含 TE 和 TM 模式的入射光束,Hooper 和 Sambles 验证了折射率变化 2×10^{-7} 的灵敏度测量[Hooper 和 Sambles,2004b]。基于入射光束偏振抖动实现对不同椭偏探测的实验装置如图 10.12 所示,通过测量反射光束偏振的变化,可以判断入射光束因衬底折射率变化而感应的 TM 偏振场量位相的变化。图 10.13 为测得的偏振旋转的结果,与混合物中两种气体的比例有关。

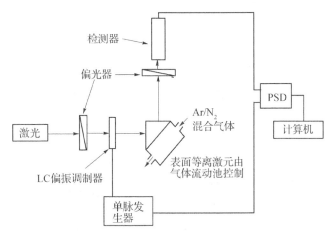

图 10.12 折射率变化的不同椭圆计探测的实验装置,使用了棱镜耦合激发在金属薄膜上的 SPPs。经允许转载于[Hooper 和 Sambles,2004b]。美国物理联合会 2004 年版权。

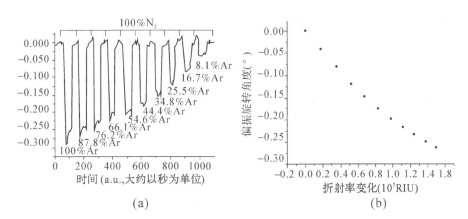

图 10.13 (a)不同气体比率的偏振旋转。(b)作为折射率量度函数的偏振旋转。经允许转载于[Hooper 和 Sambles,2004b]。美国物理联合会 2004 年版权。

利用棱镜耦合或光栅耦合激发是对 SPP 传感器实现的简便方法,波导 SPP 传感器(waveguide SPP sensors)中使用的导波模式之间的相位匹配从集成的角度来看是非常有利的,而上述导波模式位于金属表面之间的波导层。目前可用于现场应用且具有潜力的器件是一种光纤 SPP 共振传感器[Slavik et al.,1999]。通常,上述传感器包含单模或多模光纤,其中一端被抛光至纤芯暴露出来,这一区域覆盖有金属层,允许通过纤芯波导模式的 SPPs 激发,通过检测导波区域的传导光可实现对相关信号的探测[Homola et al.,1997]。上述光纤激发方案相对简单,因此在很多 SPP 传感应用研究中都有应用。

图 10.14(b)所示为典型的嵌入多模光纤中传感区域的示意图。利用前面提到的预抛

光或蚀刻以及尖削技术可实现纤芯裸露。白光光源的使用及波长选择是特别有趣的方法，目前基于光纤的超连续源非常容易直接与传感光纤集成。为了提高灵敏度，传感和参照光纤的组合方式有助于实现干涉测量或差异信号分析(图 10.14(a))[Tsai et al.，2005]。

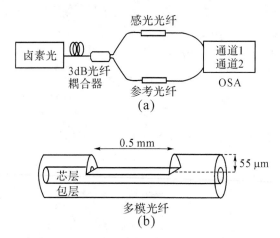

图 10.14　基于多模式光纤的 SPP 传感器。(a)由侧面抛光传感和参照光纤组成的传感系统的示意图。(b)侧面抛光光纤的示意图。经允许转载于[**Tsai et al.，2005**]。美国光学学会 2005 年版权。

在现有的例子中，传感光纤和参照光纤都是侧面抛光的并覆盖了 40 nm 厚的 Au 层。参照光纤被浸入蒸馏水中，而传感光纤被浸入具有不同折射率的液体中。两路上的 SPP 光谱都会被记录，图 10.15(a)为对应波长的光强差。对应上述两个 SPP 光谱曲线的交叉点，信号差为零，与液体折射率有关，如图 10.15(b)所示，相关的折射率测量灵敏度可达 10^{-6}。通过发展抛光[Zhang et al.，2005]和尖削技术[Kim et al.，2005]，从而改进传感区域结构的设计，可以不断提升极限灵敏度，使 SPP 传感器成为光学传感技术领域的尖端技术。

SPPs 也能够在具有同轴均匀金属层的光纤中实现激发。对于薄锥形光纤端面，会引起混合光纤 SPP 模式，并具备有趣的特性[Al-Bader 和 Imtaar，1993，Prade 和 Vinet，1994]。我们目前还不能详尽讨论上述的混合模式，但想指出的是他们最近确实观察到了混合模式[Diez et al.，1999]，并且已在相关传感器中得到证实[Monzon-Hernandez et al.，2004]。

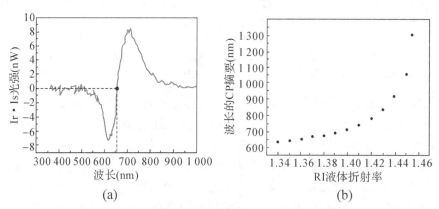

图 10.15　(a) 为使用图 10.14 中的 SPP 光纤传感器结构得到的传感器与参考臂之间光强与光波长的关系图。这里参考臂被浸入酒精中，而参照光纤被浸入蒸馏水中。(b) 为在两个 SPP 光谱曲线交叉点处波长与折射率移动的实验结果。经允许转载于[**Tsai et al.，2005**]。美国光学学会 2005 年版权。

第11章 超材料和表面等离极化激元成像

最近 20 多年,利用周期性变化的结构和组分构成设计某种材料的电磁响应的概念已经得到广泛研究。众所周知的一个例子就是光子晶体(photonic crystals),一种折射率 $n=\sqrt{\varepsilon}$ 呈周期性变化的介电材料,该周期特性可通过在基体材料中加入散射单元(如嵌入不同介电常数的孔洞)得到。这样就可以对在人工晶体中传输的电磁波进行色散特性设计,及建立频域内带隙结构以抑制传播。在光子晶体中,其尺寸和折射率调制的周期常数都与材料中传输的波长 λ 相近。本书的第 7 章已经为我们呈现了类似的表面等离极化激元激发,即具有周期性晶格表面凸起的金属膜可以控制表面等离极化激元的传输。

同样令人痴迷的一种人工材料是超材料(metamaterials),其具备可控的光子响应特征。与光子晶体不同,超材料的散射元尺寸和周期常数远小于 λ。因此,在一定程度上,它们可以被视为人工电磁材料的微型积木,等同于自然界中常规材料中的原子。利用从微观到宏观的麦克斯韦方程过渡推论,超材料的电磁响应可以利用有效介电常数 $\varepsilon(\omega)$ 和磁导率 $\mu(\omega)$ 描述。因为亚波长尺度下电场和磁场本质上是去耦的,因此,$\varepsilon(\omega)$ 和 $\mu(\omega)$ 可以利用适当形状的散射体实现独立调控。

第 6 章中介绍的具有周期性波纹的理想良导体表面即是一种具有人工调控的电场响应 $\varepsilon(\omega)$ 的超材料。这种界面可以描述为一种等离子体频率 ω_p 由其几何形状调控的有效介质。本章的第一部分将简要介绍另外一种超材料的典型例子,重点聚焦在如何利用亚波长非磁结构调控其磁学响应。适当的材料设计可使其 $\varepsilon(\omega)$ 和 $\mu(\omega)$ 在某一频率范围呈现为负值,即实现负折射率 $n=\sqrt{\mu\varepsilon}$①。

本书将简要介绍超材料丰富的物理特性,尤其是负折射率带来的物理特性,帮助读者一窥创造光频中折射率 $n<0$ 具有的挑战。利用具有局域等离子共振的金属纳米颗粒阵列有望实现负折射率结构。如果读者希望对超材料有更详细深入的研究,我们建议应该将[Smith et al. , 2004]等专业综述文献作为入门。

负折射率超材料最让人感兴趣的可用于亚波长分辨率的成像,其应用的典型范例是理想透镜(perfect lens)。本章的第二部分重点介绍通过金属薄膜上的表面等离极化激元激发来验证这种材料在光频下的成像效果。

---

① 这说明平方根的负号是必需的,因为在这种材料中,传输辐射的相位和群速是反向的。

11.1　超材料和光频下的负折射率

通过制备复合材料使其具有人工电磁特性的超材料概念已经使对太赫兹波段和微波波段的电磁辐射进行操控成为可能。在第 6 章中,我们已经详细讨论了适当的亚波长尺度的金属表面结构会在上述频域内生成与结构参数相关的等离子体频率 ω_p。另外一种重要的支持低频等离激元的超材料是规则的由微米直径金属线构成的三维晶格结构[Pendry et al.,1996]。这种结构的电场响应可看做是一个有效介质,其自由电子密度由金属线占据的空间比例决定。正如在第 6 章中所描述的,有效介电常数 $\varepsilon(\omega)$ 与等离子体频率相关,见式(1.20),如果网格尺寸设计合理,ω_p 可降低到微波频段。上述金属线晶格在微波频段中的电磁响应类似于光频中的金属材料。

人工超材料设计的动机之一是由此可以得到天然材料(尤其是金属)的低频下的电学共振特性,由 $\varepsilon(\omega)$ 描述。另外一个动机恰好相反,即希望获得高频条件下使天然磁性材料产生磁共振特性,由 $\mu(\omega)$ 描述。更具体地说,人工超材料的主要应用集中在太赫兹和可见光波段。

天然磁材料的磁性由不成对的电子自旋引起[Kittel,1996],而超材料的磁性则完全由与其结构相关的共振或等离激元特性所决定。图 11.1 展示了一种特别有效的开口环式谐振腔的最简单结构,它由两个平面同心传导环构成,且每个环上都有一个缺口。Pendry 与合作者制备了基于这类结构的有序阵列,其结构尺寸和单元晶格常数都远小于相关频谱的电磁波波长,且具有磁性响应特征[Pendry et al.,1999]。

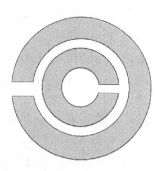

图 11.1　用于设计人工磁材料的开口环谐振腔,超材料的磁导率是 $\mu(\omega)$

简单来说,时变的磁场在开口环式谐振腔的环型路径感应电流从而产生一个磁矩。原本的弱磁响应通过共振放大,即这一结构相当于一个亚波长 LC 电路(电感 L,电容 C)。因此,磁导率 μ 在 $\Omega_\mathrm{LC}=1/\sqrt{LC}$ 时会出现一个共振。有趣的是,作为共振过程中的典型情况,当频率恰好大于 ω_LC,则 $\mu<0$。如本章后面要讨论的,结合微金属线阵列,将创造出同时具有负介电常数和磁导率的超材料,同理,能够创造出如前所述的负折射率材料。

继在微波频段得到成功应用后(见[Smith et al.,2004]),利用开口环式谐振腔实现人工磁超材料也已经被 Yen 与合作者证明[Yen et al.,2004]。超材料有效磁导率可采用洛伦兹项描述:

$$\mu(\omega)=1-\frac{F\omega^2}{\omega^2-\omega_\mathrm{LC}^2-\mathrm{i}\Gamma\omega} \tag{11.1}$$

式中，ω_{LC} 是共振频率，F 是几何因子，Γ 描述了开口环式谐振腔的电阻损耗。对于典型的共振过程，当 $\omega \ll \omega_{LC}$ 时，感应的磁偶极子与激励场同相。超材料在这个区域里具有顺磁性。当频率增加时，电流相位就开始落后于驱动场，而当 $\omega \gg \omega_{LC}$ 时，磁偶极子与激励场完全不同相，在这个区域，超材料是抗磁性的（$\mu < 1$）。当频率范围刚好大于 ω_{LC} 时，磁导率即为负值（$\mu < 0$）。需要注意的是磁偶极子仅是感应偶极子（induced dipole），不具备永久磁矩。

关于具有人工电磁响应的超材料的讨论表明利用如开口环式谐振腔、微金属线或者棒的栅格可制作的负折射率材料，即在一定频域内，材料的电磁特性为：$\varepsilon < 0$，$\mu < 0$，表明 $n < 0$。Shelby 与合作者验证了微波波段中的这样一种负折射率超材料[Shelby et al.，2001]。基于一个楔形结构，Smith 等人证实了负折射现象（负折射率的结果）[Smith et al.，2004]。当 Moser 等人研究三维结构超材料时，他们利用微细加工技术成功地制备出基于开口环式谐振腔与棒的二维结构，并实现其在太赫兹频率下的工作[Moser et al.，2005]。

在微波和太赫兹波频段，如前面所述的含有导体的超材料显示了其共振频率与尺寸的简单比例关系，即 $\omega_{LC} \propto 1/a$，其中 a 是开口环式谐振腔的典型尺寸。但是，高频下这个比例关系不成立，材料的电磁响应变得越来越不理想，这里需要考虑电子的动能。理论研究已经表明，当 $f > 100$ THz（$\lambda_0 < 3$ μm）时，共振频率 ω_{LC} 的增加会达到饱和状态[Zhou et al.，2005]。Klein 与合作者利用最小尺寸为 35 nm 的 Au 开口环式谐振腔制备的负折射率超材料可在 $\lambda = 900$ nm 的近红外频段中工作。然而，目前还不清楚利用这个概念，使共振频率能够增加多少才能进入到可见光范围。除了开口环式谐振腔，棒状结构也可以用来在近红外频段下制造具有负折射率的材料。Shalaev 与合作者利用一个由棒状 Au/绝缘体/Au 三明治结构实现了 $\lambda = 1.5$ μm 条件下的负折射率（$n = -0.3$）[Shalaev et al.，2005]。图 11.2 为组合棒状结构和超材料晶格的示意图以及扫描电子显微镜图像。每个棒都由两个 50 nmAu 层夹一个 50 nm SiO$_2$ 中间层构成。与前面的开口环式谐振腔一样，磁性也被认为是因 LC 回路共振引起的，这里的 LC 回路由底部和顶部的 Au 层组成，如图 11.2(a)，金属棒提供电感，绝缘隔离层提供电容。图 11.3 给出了这种超材料在近红外频谱范围中的折射率特性。当波长 $\lambda = 1\,500$ nm 时，$n < 0$。我们注意到，迄今为止超材料中单元的尺寸约等于波长。和开口环式谐振腔一样，通过增加损耗和等离激元效应可以避免可见光区高频下的尺寸简单线性比例关系。

在另外一项研究中，Grigorenko 等人研究论证了可见光区的负磁导率的超材料，由圆顶状 Au 纳米颗粒对构成[Grigorenko et al.，2005]。这种圆顶状 Au 纳米颗粒对相当于小型的磁棒，局域等离子共振的反对称耦合导致入射场中的磁场分量消失，从而形成 $\mu < 0$。最近一项关于 U 形金属纳米颗粒的研究表明充分利用等离激元响应代替 LC 共振效应，在光频下可实现 $n < 0$ [Sarychev et al.，2006]。这个领域的研究非常快，可以预见在未来几年里相关研究能够取得巨大进展。

11.2　理想透镜、成像和光刻

在本章结尾我们简短介绍一下另一个吸引人的具有负折射率的超材料，即理想透镜[Pendry，2000，Smith et al.，2004]。Pendry 于 2000 年提出了由折射率 $n = -1$ 的理想材料（无损耗）制备的薄片能够对位于近场下的物体完美成像，其中物体和像到金属薄片

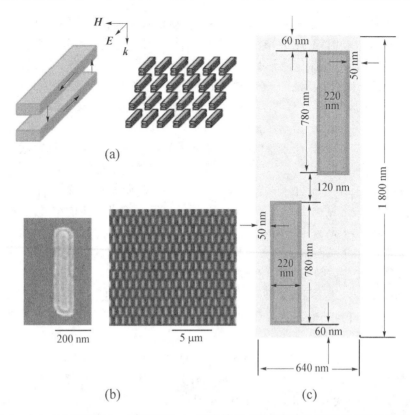

图 11.2 （a）、（b）分别是由一对平行的 Au 纳米棒构成的平面超材料的示意图和扫描电子显微图。（c）是该结构单元的简图。经允许转载于［Shalaev et al.，2005］。美国光学学会 2005 年版权。

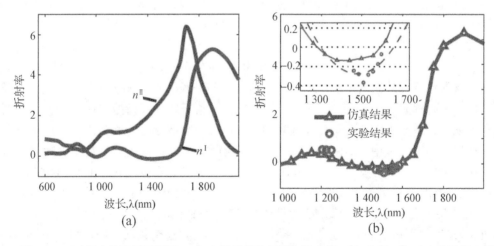

图 11.3 （a）是由仿真得到的图 11.2 中超材料的折射率的实部 N' 与虚部 N''。（b）是折射率的实部的仿真数值（三角形）与实验数值（圆圈）的比较。内嵌图给出了负折射率区域的放大图。经允许转载于［Shalaev et al.，2005］。美国光学学会 2005 年版权。

的距离相等。根据负折射率的性质易知：从负折射率薄板的一侧上的点光源发出的光可以在另一侧聚焦，如图 11.4 所示。更惊奇的是二维物体所有的傅立叶分量不仅满足 $k_x^2 + k_y^2 < \omega^2 / c^2$，还会在像面被复制。这是由于负折射率薄板表面模式而形成的图像倏逝衰减成分的共振放大［Pendry，2000］。

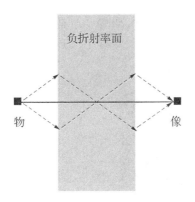

图 11.4 负折射率平面透镜的示意图。 由于负折射率，点光源发出的光在负折射率介质中反向聚焦于一点。在薄板的另外一边形成聚焦。

在光频下，厚度 $d \ll \lambda$ 的薄板，静电作用有限，且电场和磁场都是去耦的。这种情况下，完美成像所需要的 $\mu < 0$ 不必严格满足，亚分辨率成像只有 $\mathrm{Re}[\varepsilon] < 0$ 的材料才能实现，即金属。但由于衰减（因为 $\mathrm{Im}[\varepsilon] > 0$），一些高分辨率细节信息在成像过程中会丢失，因此就不算理想成像。薄 Ag 膜可以用作上述成像时所用的"穷人版透镜"（poor man's lens）。

通过与 Ag 膜上支持的表面等离极化激元发生耦合，物场的倏逝成分就会被共振放大。图 11.5 为亚波长成像的实验验证装置。在这个研究中，Fang 等人利用一个 Ag 薄膜将刻蚀在 Cr 掩膜的图案成像在光刻胶上[Fang et al., 2005]。图 11.6 给出了对照实验得到的图像分辨率及结果，其将 Ag 膜替换成聚合物膜。虽然无法重现 40 nm 宽的物体字母，但是加入 Ag 膜后，成像分辨率有明显提高。另外，关于单层 Ag 膜结构[Melville 和 Blaikie，2005]和双层 Ag 膜结构[Melville 和 Blaikie，2006]的研究已经证实了其可改善分辨率的特性。

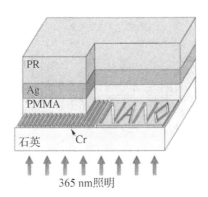

图 11.5 光学超透镜的示意图。 35 nm 厚的 Ag 成像层与 Cr 掩膜被 40 nm 厚的聚合物层隔开。紫外光照射 Cr 掩膜后，透过 Ag 膜的掩模图案被记录在光刻胶膜上。经允许转载于[Fang et al., 2005]。美国科学促进会 2005 年版权。

可以预计，上述概念能被应用于光刻工艺，一般来说，光刻工艺中并不希望光刻胶与掩膜层直接接触。但是，由于成像层中的传导损耗限制了分辨率，因此，金属薄膜透镜的在光刻工艺是否可行依然有待探索。最后一个需要注意的是，我们想要指出 Srituravanich，Luo 和 Ishihara 等人提出的支持局域等离子共振的掩膜设计已经被建议应用于光刻工艺[Srituravanich et al., 2004，Luo 和 Ishihara，2004]，以突破衍射极限对传统成像分辨率的限制。如上述，局域模式产生的近场增强使紧邻的光刻胶层上的曝光也得到增强。

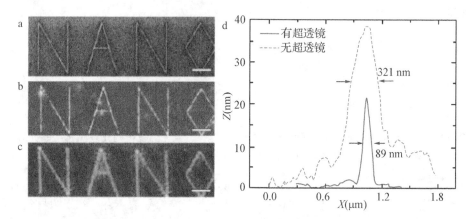

图 11.6　(a)物面的聚焦离子束刻蚀(FIB)图像。字母线宽大约是 **40 nm**。(b,c)成像后光刻胶的原子力显微图像,(b)利用 **Ag** 膜成像,(c)利用 **PMMA** 膜成像,(d)是字母"**A**"在有或没有透镜情况下的平均截面。经允许转载于[**Fang et al.**，2005]。美国科学促进会 2005 年版权。

第 12 章　结　　论

　　等离激元学是目前的一个具有极大吸引力和发展空间的研究领域,通过阅读这本书,读者不仅有望基本了解等离激元学的全貌,也能自己掌握完整的理论架构。显然,不断涌现的研究成果和亚波长光学的潜在应用充分表明这一领域的研究将是未来研究的热点之一。

　　等离激元学的发展将走向何方? 本书几乎覆盖了等离激元学所有内容及被相关综述所涉及的方向。本书对传感和超材料等领域未作深入阐述,读者可参考相关的综述文献。除此之外,本文所引用的大量参考文献也是读者进行更深入研究的重要手段。

　　我非常希望这本书能够帮助和吸引更多人进入纳米光子学这个极具影响力的领域,敬请各位读者批评指正。

参 考 文 献

Adam, P. M. , Salomon, L. , de Fornel, F. , and Goudonnet, J. P. (1993). Determination of the spatial extension of the surface-plasmon evanescent field of a silver film with a photon scanning tunneling microscope. *Phys. Rev. B*, 48(4):2680 – 2683.

Al-Bader, S. J. and Imtaar, M. (1993). Optical fiber hybrid-surface plasmon polaritons. *J. Opt. Soc. Am. B*, 10(1):83 – 88.

Andreani, L. C. , Panzarini, G. , and Gérard, J. -M. (1999). Strong-coupling regime for quantum boxes in pillar microcavities: Theory. *Phys. Rev. B*, 60(19):13276.

Anger, Pascal, Bharadwaj, Palash, and Novotny, Lukas (2006). Enhancement and quenching of single-molecule fluorescence. *Phys. Rev. Lett.* , 96:113002.

Antoine, Rodolphe, Brevet, Pierre F. , Girault, Hubert H. , Bethell, Donald, and Schiffrin, David J. (1997). Surface plasmon enhanced non-linear optical response of gold nanoparticles at the air/toluene interface. *Chem. Commun.* , pages 1901 – 1902.

Ashcroft, Neil W. and Mermin, N. David (1976). *Solid state physics*. Saunders College Publishing, Orlando, FL, first edition.

Avrutsky, Ivan (2004). Surface plasmons at nanoscale relief gratings between a metal and a dielectric medium with optical gain. *Phys. Rev. B*, 70:155416.

Babadjanyan, A. J. , Margaryan, N. L. , and Nerkarayan, Kh. V. (2000). Superfocusing of surface polaritons in the conical structure. *J. Appl. Phys.* , 87(8):3785 – 3788.

Bai, Benfeng, Li, Lifeng, and Zeng, Lijiang (2005). Experimental verification of enhanced transmission through two-dimensionally corrugated metallic films without holes. *Opt. Lett.* , 30 (18): 2360 – 2362.

Baida, F. I. and van Labeke, D. (2002). Light transmission by subwavelength annular aperture arrays in metallic films. *Opt. Commun.* , 209:17 – 22.

Bakker, Reuben M. , Drachev, Vladimir P. , Yuan, Hsiao-Kuan, and Shalaev, Vladimir M. (2004). Enhance transmission in near-field imaging of layered plasmonic structures. *Opt. Express*, 12(16): 3701 – 3706.

Barnes, W. L. (1999). Electromagnetic Crystals for Surface Plasmon Polaritons and the Extraction of Light from Emissive Devices. *J. Lightwave Tech.* , 17(11):2170 – 2182.

Barnes, W. L. , Murray, W. A. , Dintinger, J. , Devaux, E. , and Ebbesen, T. W. (2004). Surface plasmon polaritons and their role in the enhanced transmission of light through periodic arrays of subwavelength holes in a metal film. *Phys. Rev. Lett.* , 92(10):107401.

Batchelder, J. S. and Taubenblatt, M. A. (1989). Interferometric detection of forward scattered light from small particles. *Appl. Phys. Lett.* , 55(3):215 – 217.

Baumberg, Jeremy J., Kelf, Timothy A., Sugawara, Yoshihiro, Cintra, Suzanne, Abdelsalam, Mamdouh E., Bartlett, Phillip N., and Russell, Andrea E. (2005). Angle-resolved surfaceenhanced Raman scattering on metallic nanostructured plasmonic crystals. *Nano Letters*, 5 (11):2262 – 2267.

Berini, P. (1999). Plasmon-polariton modes guided by a metal film of finite width. *Opt. Lett.*, 24 (15):1011 – 1013.

Berini, P. (2000). Plasmon-polariton waves guided by thin lossy metal films of finite width: Bound modes of symmetric structures. *Phys. Rev. B*, 61(15):10484.

Berini, P. (2001). Plasmon-polariton waves guided by thin lossy metal films of finite width: Bound modes of asymmetric structures. *Phys. Rev. B*, 63(12):125417.

Bethe, H. A. (1944). Theory of diffracion by small holes. *Phys. Rev.*, 66(7 – 8):163 – 182.

Bloembergen, N., Chang, R. K., Jha, S. S., and Lee, C. H. (1968). Optical second-harmonic generation in reflection from media with inversion symmetry. *Phys. Rev.*, 174(3):813 – 822.

Bohren, Craig F. and Huffman, Donald R. (1983). *Absorption and scattering of light by small particles*. John Wiley & Sons, Inc., New York, NY, first edition.

Bonod, Nicolas, Enoch, Stefan, Li, Lifeng, Popov, Evgeny, and Nevière, Michel (2003). Resonant optical transmission through thin metallic films with and without holes. *Opt. Express*, 11(5):482 – 490.

Borisov, A. G., de Abajo, F. J. García, and Shabanov, S. V. (2005). Role of electromagnetic trapped modes in extraordinary transmission in nanostructured metals. *Phys. Rev. B*, 71:075408.

Bouhelier, A., Huser, Th., Tamaru, H., Güntherodt, H.-J., Pohl, D. W., Baida, Fadi I., and Labeke, D. Van (2001). Plasmon optics of structured silver films. *Phys. Rev. B*, 63:155404.

Bouhelier, A. and Wiederrecht, G. P. (2005). Surface plasmon rainbow jets. *Opt. Lett.*, 30(8):884 – 886.

Bouwkamp, C. J. (1950a). On Bethe's theory of diffraction by small holes. *Philips Research Reports*, 5(5):321 – 332.

Bouwkamp, C. J. (1950b). On the diffraction of electromagnetic waves by small circular disks and holes. *Philips Research Reports*, 5(6):401 – 422.

Bouwkamp, C. J. (1954). Diffraction theory. *Rep. Prog. Phys.*, 17:35 – 100.

Boyd, Robert W. (2003). *Nonlinear Optics*. Academic Press, San Diego, CA, second edition. Boyer, D., Tamarat, P., Maali, A., Lounis, B., and Orrit, M. (2002). Photothermal imaging of nanometer-sized metal particles among scatterers. *Science*, 297:1160 – 1163.

Bozhevolnyi, S. I., Volkov, Valentyn S., Devaux, Eloise, Laluet, Jean-Yves, and Ebbesen, Thomas W. (2006). Channel plasmon subwavelength waveguide components including interferometers and ring resonators. *Nature*, 440:508 – 511.

Bozhevolnyi, S. I., Beermann, Jonas, and Coello, Victor (2003). Direct observation of localized second-harmonic enhancement in random metal nanostructures. *Phys. Rev. Lett.*, 90(19):197403.

Bozhevolnyi, S. I., Erland, J., Leosson, K., Skovgaard, P. M. W., and Hvam, J. M. (2001). Waveguiding in surface plasmon polariton band gap structures. *Phys. Rev. Lett.*, 86:3008 – 3011.

Bozhevolnyi, Sergey I., Nikolajsen, Thomas, and Leosson, Kristjan (2005a). Integrated power monitor for long-range surface plasmon waveguides. *Opt. Commun.*, 255:51 – 56.

Bozhevolnyi, Sergey I., Volkov, Valentyn S., Devaux, Eloise, and Ebbesen, Thomas W. (2005b). Channel plasmon-polariton guiding by subwavelength metal grooves. *Phys. Rev. Lett.*, 95:046802.

Bravo-Abad, J., García-Vidal, F. J., and Martín-Moreno, L. (2004a). Resonant transmission of light through finite chains of subwavelength holes in a metallic film. *Phys. Rev. Lett.*, 93:227401.

Bravo-Abad, J., Martín-Moreno, L., and García-Vidal, F. J. (2004b). Transmission properties of a single metallic slit: From the subwavelength regime to the geometrical-optics limit. *Phys. Rev. E*, 69:026601.

Brongersma, Mark L., Hartman, John W., and Atwater, Harry A. (2000). Electromagnetic energy transfer and switching in nanoparticle chain arrays below the diffraction limit. *Phys. Rev. B*, 62(24):R16356 – R16359.

Burke, J. J. and Stegeman, G. I. (1986). Surface-polariton-like waves guided by thin, lossy metal films. *Phys. Rev. B*, 33(8):5186 – 5201.

Cao, Hua, Agrawal, Amit, and Nahata, Ajay (2005). Controlling the transmission resonance lineshape of a single subwavelength aperture. *Opt. Express*, 13(3):763 – 769.

Chan, H. B., Marcet, Z., Woo, Kwangje, Tanner, D. B., Carr, D. W., Bower, J. E., Cirelli, R. A., Ferry, E., Klemens, F., Miner, J., Pai, C. S., and Taylor, J. A. (2006). Optical transmission through double-layer metallic subwavelength slit arrays. *Opt. Lett.*, 31(4):516 – 518.

Chang, Shih-Hui, Gray, Stephen K., and Schatz, George C. (2005). Surface plasmon generation and light transmission by isolated nanoholes and arrays of nanoholes in thin metal films. *Opt. Express*, 13(8):3150 – 3165.

Charbonneau, Robert, Berini, Pierre, Berolo, Ezio, and Lisicka-Shrzek, Ewa (2000). Experimental observation of plasmon-polariton waves supported by a thin metal film of finite width. *Opt. Lett.*, 25(11):844.

Charbonneau, Robert, Lahoud, Nancy, Mattiussi, Greg, and Berini, Pierre (2005). Demonstration of integrated optics elements based on long-ranging surface plasmon polaritons. *Opt. Express*, 13(3):977 – 983.

Chau, K. J., Dice, G. D., and Elezzabi, A. Y. (2005). Coherent plasmonic enhanced terahertz transmission through random metallic media. *Phys. Rev. Lett.*, 94:173904.

Chen, C. K., Heinz, T. F., Ricard, D., and Shen, Y. R. (1983). C. K. Chen and T. F. Heinz and D. Ricard and Y. R. Shen. *Phys. Rev. B*, 27(4):1965 – 1979.

Chen, S.-J., Chien, F. C., Lin, G. Y., and Lee, K. C. (2004). Enhancement of the resolution of surface plasmon resonance biosensors by control of the size and distribution of nanoparticles. *Opt. Lett.*, 29(12):1390 – 1392.

Citrin, D. S. (2004). Coherent excitation transport in metal-nanoparticle chains. *Nano Letters*, 4(9):1561 – 1565.

Citrin, D. S. (2005a). Plasmon-polariton transport in metal-nanoparticle chains embedded in a gain medium. *Opt. Lett.*, 31(1):98 – 100.

Citrin, D. S. (2005b). Plasmon polaritons in finite-length metal-nanoparticle chains: The role of chain length unravelled. *Nano Letters*, 5(5):985 – 989.

Cognet, L., Tardin, C., Boyer, D., Choquet, D., Tamarat, P., and Lounis, B. (2003). Single metallic nanoparticle imaging for protein detection in cells. *Proceedings of the National Academy of Sciences (USA)*, 100(20):11350 – 11355.

Coutaz, J. L., Neviere, M., Pic, E., and Reinisch, R. (1985). Experimental study of surfaceenhanced second-harmonic generation on silver gratings. *Phys. Rev. B*, 32(4):2227 – 2232.

Craighead, H. G. and Niklasson, G. A. (1984). Characterization and optical properties of arrays of small gold particles. *Appl. Phys. Lett.*, 44(12):1134 – 1136.

Daniels, Jacquitta K. and Chumanov, George (2005). Nanoparticle-mirror sandwich substrates for surface-enhanced Raman scattering. *J. Phys. Chem. B*, 109:17936 – 17942.

Dawson, P. , de Fornel, F. , and Goudonnet, J-P. (1994). Imaging of surface plasmon propagation and edge interaction using a photon scanning tunneling microscope. *Phys. Rev. Lett.* , 72 (18): 2927 – 2930.

de Abajo, F. J. Garcia (2002). Light transmission through a single cylindrical hole in a metallic film. *Opt. Express*, 10(25):1475 – 1484.

de Abajo, F. J. Garcia and Sáenz, J. J. (2005). Electromagnetic surface modes in structured perfect-conductor surfaces. *Phys. Rev. Lett.* , 95:233901.

de Abajo, F. J. García, Sáenz, J. J. , Campillo, I. , and Dolado, J. S. (2006). Site and lattice resonances in metallic hole arrays. *Opt. Express*, 14(1):7 – 18.

Degiron, A. and Ebbesen, T. W. (2005). The role of localized surface plasmon modes in the enhanced transmission of periodic subwavelength apertures. *J. Opt. A:Pure Appl. Opt.* , 7:S90 – S96.

Degiron, A. , Lezec, H. J. , Barnes, W. L. , and Ebbesen, T. W. (2002). Effects of hole depth on enhanced light transmission through subwavelength hole arrays. *Appl. Phys. Lett.* , 81(23): 4327 – 4329.

Degiron, A. , Lezec, H. J. , Yamamoto, N. , and Ebbesen, T. W. (2004). Optical transmission properties of a single subwavelength aperture in a real metal. *Opt. Commun.* , 239:61 – 66.

Depine, Ricardo A. and Ledesma, Silvia (2004). Direct visualization of surface-plasmon bandgaps in the diffuse background of metallic gratings. *Opt. Lett.* , 29(19):2216 – 2218.

Dereux, A. , Devaux, E. , Weeber, J. C. , Goudonnet, J. P. , and Girard, C. (2001). Direct interpretation of near-field optical images. *J. Microscopy*, 202:320 – 331.

Devaux, Eloise, Ebbesen, Thomas W. , Weeber, Jean-Claude, and Dereux, Alain (2003). Launching and decoupling surface plasmons via micro-gratings. *Appl. Phys. Lett.* , 83(24):4936 – 4938.

Dice, G. D. , Mujumdar, S. , and Elezzabi, A. Y. (2005). Plasmonically enhanced diffusive and subdiffusive metal nanoparticle-dye random laser. *Appl. Phys. Lett.* , 86:131105.

Dickson, Robert M. and Lyon, L. Andrew (2000). Unidirectional plasmon propagation in metallic nanowires. *J. Phys. Chem. B*, 104:6095 – 6098.

Diez, Antonio, Andrés, Miguel V. , and Cruz, José L. (1999). Hybrid surface plasma modes in circular metal-coated tapered fibers. *J. Opt. Soc. Am. A*, 16(12):2978 – 2982.

Ditlbacher, H. , Krenn, J. R. , Félidj, N. , Lamprecht, B. , Schider, G. , Salerno, M. , Leitner, A. , and Aussenegg, F. R. (2002a). Fluorescence imaging of surface plasmon fields. *Appl. Phys. Lett.* , 80(3):404 – 406.

Ditlbacher, H. , Krenn, J. R. , Hohenau, A. , Leitner, A. , and Aussenegg, F. R. (2003). Efficiency of local light-plasmon coupling. *Appl. Phys. Lett.* , 83(18):3665 – 3667.

Ditlbacher, H. , Krenn, J. R. , Schider, G. , Leitner, A. , and Aussenegg, F. R. (2002b). Twodimensional optics with surface plasmon polaritons. *Appl. Phys. Lett.* , 81(10):1762 – 1764.

Ditlbacher, Harald, Hohenau, Andreas, Wagner, Dieter, Kreibig, Uwe, Rogers, Michael, Hofer, Ferdinand, Aussenegg, Franz R. , and Krenn, Joachim R. (2005). Silver nanowires as surface plasmon resonators. *Phys. Rev. Lett.* , 95:257403.

Dragnea, Bogdan, Szarko, Jodi M. , Kowarik, Stefan, Weimann, Thomas, Feldmann, Jochen, and Leone, Stephen R. (2003). Near-field surface plasmon excitation on structured gold films. *Nano Letters*, 3(1):3 – 7.

Drezet, A. , Woehl, J. C. , and Huant, S. (2001). Extension of Bethe's diffraction model to conical geometry: Application to near-field optics. *Europhysics Letters*, 54(6):736 – 740.

Drude, Paul (1900). Zur Elektronentheorie der Metalle. Ann. Phys. , 1:566 – 613.

Dulkeith, E. , Morteani, A. C. , Niedereichholz, T. , Klar, T. A. , Feldmann, J. , , Levi, S. A. , van Veggel, F. C. J. M. , Neinhoudt, D. N. , Moller, M. , and Gittins, D. I. (2002). Fluorescence quenching of dye molecules near gold nanoparticles: Radiative and nonradiative effects. *Phys. Rev. Lett.* , 89(20):203002.

Dulkeith, E. , Niedereichholz, T. , Klar, T. A. , Feldmann, J. , von Plessen, G. , Gittins, D. I. , Mayya, K. S. , and Caruso, F. (2004). Plasmon emission in photoexcited gold nanoparticles. *Phys. Rev. B*, 70:205424.

Eah, Sang-Kee, Jaeger, Heinrich M. , Scherer, Norbert F. , Wiederrecht, Gary P. , and Lin, Xiao-Min (2005). Plasmon scattering from a single gold nanoparticle collected through an optical fiber. *Appl. Phys. Lett.* , 96:031902.

Ebbesen, T. W. , Lezec, H. J, Ghaemi, H. F. , Thio, T. , and Wolff, P. A. (1998). Extraordinary optical transmission through sub-wavelength hole arrays. *Nature*, 931:667 – 669.

Economou, E. N. (1969). Surface plasmons in thin films. *Phys. Rev.* , 182(2):539 – 554.

El-Sayed, Ivan H. , Huang, Xiaohua, and El-Sayed, Mostafa A. (2005). Surface plasmon resonance scattering and absorption of anti-EGFR antibody conjugated gold nanoparticles in cancer diagnostics: Applications in oral cancer. *Nano Letters*, 5(5):829 – 834.

Enoch, Stefan, Quidant, Romain, and Badenes, Goncal (2004). Optical sensing based on plasmon coupling in nanoparticle arrays. *Opt. Express*, 12(15):3422 – 3427.

Fang, Nicolas, Lee, Hyesog, Sun, Cheng, and Zhang, Xiang (2005). Sub-diffraction-limeted optical imaging with a silver superlens. *Science*, 308:534 – 537.

Fano, U. (1941). The theory of anomalous diffraction gratings and of quasi-stationary waves on metallic surfaces (Sommerfeld's waves). *J. Opt. Soc. Am.* , 31:213 – 222.

Farrer, Richard A. , Butterfield, Francis L. , Chen, Vincent W. , and Fourkas, John T. (2005). Highly efficient multiphoton-absorption-induced luminescence from gold nanoparticles. *Nano Lett.* , 5(6):1139 – 1141.

Félidj, N. , Aubard, J. , Lévi, G. , Krenn, J. R. , Schider, G. , Leitner, A. , and Aussenegg, F. R. (2002). Enhanced substrate-induced coupling in two-dimensional gold nanoparticle arrays. *Phys. Rev. B*, 66:245407.

Félidj, N. , Truong, S. Lau, Aubard, J. , Lévi, G. , Krenn, J. R. , Hohenau, A. , Leitner, A. , and Aussenegg, F. R. (2004). Gold particle interaction in regular arrays probed by surface enhanced Raman scattering. *J. Chem. Phys.* , 120(15):7141 – 7146.

Ganeev, R. A. , Baba, M. , Ryasnyansky, A. I. , Suzuki, M. , and Kuroda, H. (2004). Characterization of optical and nonlinear optical properties of silver nanoparticles prepared by laser ablation in various liquids. *Opt. Commun.* , 240:437 – 448.

García-Vidal, F. J. , Lezec, H. J. , Ebbesen, T. W. , and Martín-Moreno, L. (2003a). Multiple paths to enhance optical transmission through a single subwavelength slit. *Phys. Rev. Lett.* , 90 (21):213901.

García-Vidal, F. J. , Martín-Moreno, L. , Lezec, H. J. , and Ebbesen, T. W. (2003b). Focusing light with a single subwavelength aperture flanked by surface corrugations. *Appl. Phys. Lett.* , 83(22): 4500 – 4502.

García-Vidal, F. J., Martín-Moreno, L., and Pendry, J. B. (2005a). Surfaces with holes in them: new plasmonic metamaterials. *J. Opt. A: Pure Appl. Opt.*, 7:S97 – S101.

García-Vidal, F. J., Moreno, Esteban, Porto, J. A., and Martín-Moreno, L. (2005b). Transmission of light through a single rectangular hole. *Phys. Rev. Lett.*, 95:103901.

García-Vidal, F. J. and Pendry, J. B. (1996). Collective theory for surface enhanced Raman scattering. *Phys. Rev. Lett.*, 77(6):1163 – 1166.

Gersten, Joel and Nitzan, Abraham (1980). Electromagnetic theory of enhanced Raman scattering by molecules adsorbed on rough surfaces. *J. Chem. Phys.*, 73(7):3023 – 3037.

Ghaemi, H. F., Thio, Tineke, Grupp, D. E., Ebbesen, T. W., and Lezec, H. J. (1998). Surface plasmon enhance optical transmission through subwavelength holes. *Phys. Rev. B*, 58(11): 6779 – 6782.

Giannattasio, Armando and Barnes, William L. (2005). Direct observation of surface plasmon polariton dispersion. *Opt. Express*, 13(2):428 – 434.

Giannattasio, Armando, Hooper, Ian R., and Barnes, William L. (2004). Transmission of light through thin silver films via surface plasmon-polaritons. *Opt. Express*, 12(24):5881 – 5886.

Girard, Christian and Quidant, Romain (2004). Near-field optical transmittance of metal particle chain waveguides. *Opt. Express*, 12(25):6141 – 6146.

Gómez-Rivas, J., Kuttge, M., Bolivar, P. Haring, Kurz, H., and Sánchez-Gill, J. A. (2004). Propagation of surface plasmon polaritons on semiconductor gratings. *Phys. Rev. Lett.*, 93:256804.

Gómez-Rivas, J., Kuttge, M., Kurz, H., Bolivar, P. Haring, and Sánchez-Gill, J. A. (2006). Lowfrequency active surface plasmon optics on semiconductors. *Appl. Phys. Lett.*, 88:082106.

Gordon, Reuven and Brolo, Alexandre G. (2005). Increased cut-off wavelength for a subwavelength hole in a real metal. *Opt. Express*, 13(6):1933 – 1938.

Goubau, Georg (1950). Surface waves and their application to transmission lines. *J. Appl. Phys.*, 21: 1119 – 1128.

Grand, J., de la Chapelle, M. Lamy, Bijeon, J.-L., Adam, P.-M., and Royer, P. (2005). Role of localized surface plasmons in surface-enhanced Raman scattering of shape-controlled metallic particles in regular arrays. *Phys. Rev. B*, 72:033407.

Grigorenko, A. N., Geim, A. K., Gleeson, H. F., Zhang, Y., Firsov, A. A., Khrushchev, I. Y., and Petrovic, J. (2005). Nanofabricated media with negative permeability at visible frequencies. *Nature*, 438:335 – 338.

Grupp, Daniel E., Lezec, Henri J., Thio, Tineke, and Ebbesen, Thomas W. (1999). Beyond the Bethe limit: Tunable enhanced light transmission through a single sub-wavelength aperture. *Advanced Materials*, 11(10):860 – 862.

Haes, Amanda J., Hall, W. Paige, Chang, Lei, Klein, William L., and van Dyne, Richard P. (2004). A localized surface plasmon resonance biosensor: First steps toward and assay for Alzheimer's disease. *Nano Letters*, 4(6):1029 – 1034.

Hartschuh, Achim, Sánchez, Erik J., Xie, X. Sunney, and Novotny, Lukas (2003). High-resolution near-field Raman microscopy of single-walled carbon nanotubes. *Phys. Rev. Lett.*, 90(9):095503.

Haus, Hermann A. (1984). *Waves and Fields in Optoelectronics*. Prentice-Hall, Englewood Cliffs, New Jersey 07632, first edition.

Hayazawa, Norihiko, Saito, Yuika, and Kawata, Satoshi (2004). Detection and characterization of longitudinal field for tip-enhanced Raman spectroscopy. *Appl. Phys. Lett.*, 85(25):6239 – 6241.

Haynes, Christy L. , McFarland, Adam D. , Zhao, LinLin, Duyne, Richard P. Van, Schatz, George C. , Gunnarsson, Linda, Prikulis, Juris, Kasemo, Bengt, and K. ll, Mikael (2003). Nanoparticle optics: The importance of radiative dipole coupling in two-dimensional nanoparticle arrays. *J. Phys. Chem. B*, 107:7337 – 7342.

Hecht, B. , Bielefeld, H. , Novotny, L. , Inouye, Y. , and Pohl, D. W. (1996). Local excitation, scattering, and interference of surface plasmons. *Phys. Rev. Lett.* , 77(9):1889 – 1892.

Heilweil, E. J. and Hochstrasser, R. M. (1985). Nonlinear spectroscopy and picosecond transient grating study of colloidal gold. *J. Chem. Phys.* , 82(9):4762 – 4770.

Hibbins, Alastair P. , Evans, Benjamin R. , and Sambles, J. Roy (2005). Experimental verification of designer surface plasmons. *Science*, 308:670 – 672.

Hibbins, Alastair P. , Lockyear, Matthew J. , Hooper, Ian R. , and Sambles, J. Roy (2006). Waveguide arrays as plasmonic metamaterials: transmission below cutoff. *Phys. Rev. Lett.* , 96:073904.

Hicks, Erin M. , Zou, Shengli, Schatz, George C. , Spears, Kenneth G. , Duyne, Richard P. Van, Gunnarsson, Linda, Rindzevicius, Tomas, Kasemo, Bengt, and K. ll, Mikael (2005). Controlling plasmon line shapes through diffractive coupling in linear arrays of cylindrical nanoparticles fabricated by electron beam lithography. *Nano Lett.* , 5(6):1065 – 1070.

Hillenbrand, R. , Taubner, T. , and Keilmann, F. (2002). Phonon-enhanced light-matter interaction at the nanometre scale. *Nature*, 418:159 – 162.

Hinds, E. A. (1994). *Pertubative cavity quantum electrodynamics*, pages 1 – 56. Academic Press, Boston.

Hirsch,L. R. ,Stafford,R. J. ,Bankson,J. A. ,Sershen,S. R. ,Rivera,B. ,Price, R. E. ,Hazle, J. D. , Halas, N. J. , and West, J. L. (2003). Nanoshell-mediated near-infrared thermal therapy of tumors under magnetic resonance guiding. *Proc. Nat. Acad. Sci.* , 100(23):13549 – 13554.

Hochberg, Michael, Baehr-Jones, Tom, Walker, Chris, and Scherer, Axel (1985). Integrated plasmon and dielectric waveguides. *Opt. Express*, 12(22):5481 – 5486.

Hohenau, A. , Krenn, J. R. , Schider, G. , Ditlbacher, H. , Leitner, A. , Aussenegg, F. R. , and Schaich, W. L. (2005a). Optical near-field of multipolar plasmons of rod-shaped gold nanoparticles. *Europhys. Lett.* , 69(4):538 – 543.

Hohenau, Andreas, Krenn, Joachim R. , Stepanov, Andrey L. , Drezet, Aurelien, Ditlbacher, Harald, Steinberger, Bernhard, Leitner, Alfred, and Aussenegg, Franz R. (2005b). Dielectric optical elements for surface plasmons. *Opt. Lett.* , 30(8):893 – 895.

Homola, Jirí, Slavik, Radan, and Ctyroky, Jiri (1997). Interaction between fiber modes and surface plasmon waves: spectral properties. *Opt. Lett.* , 22(18):1403 – 1405.

Homola, Jirí, Yee, Sinclair S. , and Gauglitz, Gunter (1999). Surface plasmon reonance sensors: review. *Sensors and Actuators B*, 54:3 – 15.

Hooper, I. R. and Sambles, J. R. (2002). Dispersion of surface plasmon polaritons on short-pitch metal gratings. *Phys. Rev. B*, 65:165432.

Hooper, I. R. and Sambles, J. R. (2004a). Coupled surface plasmon polaritons on thin metal slabs corrugated on both surfaces. *Phys. Rev. B*, 70:045421.

Hooper, I. R. and Sambles, J. R. (2004b). Differential ellipsometric surface plasmon resonance sensors with liquid crystal polarization modulators. *Appl. Phys. Lett.* , 85(15):3017 – 1019.

H. vel, H. , Fritz, S. , Hilger, A. , Kreibig, U. , and Vollmer, M. (1993). Width of cluster plasmon resonances: Bulk dielectric functions and chemical interface damping. *Phys. Rev. B*, 48(24): 18178 – 18188.

Huber, A., Ocelic, N., Kazantsev, D., and Hillenbrand, R. (2005). Near-field imaging of midinfrared surface phonon polariton propagation. *Appl. Phys. Lett.*, 87:081103.

Illinskii, Yu. A. and Keldysh, L. V. (1994). *Electromagnetic response of material media*. Plenum Press, New York, NY, first edition.

Imura, Kohei, Nagahara, Tetsuhiko, and Okamoto, Hiromi (2005). Near-field optical imaging of plasmon modes in gold nanorods. *J. Chem. Phys.*, 122:154701.

Jackson, John D. (1999). *Classical Electrodynamics*. John Wiley & Sons, Inc., New York, NY, 3rd edition.

Jeon, Tae-In and Grischkowsky, D. (2006). THz Zenneck surface wave (THz surface plasmon) propagation on a metal sheet. *Appl. Phys. Lett.*, 88:061113.

Jeon, Tae-In, Zhang, Jiangquan, and Grischkowsky, D. (2005). THz Sommerfeld wave propagation on a single metal wire. *Appl. Phys. Lett.*, 86:161904.

Jette-Charbonneau, Stephanie, Charbonneau, Robert, Lahoud, Nancy, Mattiussi, Greg, and Berrini, Pierre (2005). Demonstration of Bragg gratings based on long-ranging surface plasmon polariton waveguides. *Opt. Express*, 13(12):4674 – 4682.

Johannsson, Peter, Xu, Hongxing, and K. ll, Mikael (2005). Surface-enhanced Raman scattering and fluorescence near metal nanoparticles. *Phys. Rev. B*, 72:035427.

Johnson, P. B. and Christy, R. W. (1972). Optical constants of the noble metals. *Phys. Rev. B*, 6(12):4370 – 4379.

Kashiwa, Tatsuya and Fukai, Ichiro (1990). A treatment by the FD-TD method of the dispersive characteristics associated with electronic polarization. *Microwave and Optical Technology Letters*, 3(6):203 – 205.

Kerker, Milton, Wang, Dau-Sing, and Chew, H. (1980). Surface enhanced Raman scattering (SERS) by molecules adsorbed at spherical particles: errata. *Appl. Opt.*, 19(24):4159 – 4147.

Kim, Yoon-Chang, Peng, Wei, Banerji, Soame, and Booksh, Karl S. (2005). Tapered fiber optic surface plasmon resonance sensor for analyses of vapor and liquid phases. *Opt. Lett.*, 30(17): 2218 – 2220.

Kittel, Charles (1996). *Introduction to Solid State Physics*. John Wiley & Sons, Inc., New York, NY, seventh edition edition. Klar, T., Perner, M., Grosse, S., von Plessen, G., Spirkl, W., and Feldmann, J. (1998). Surface plasmon resonances in single metallic nanoparticles. *Phys. Rev. Lett.*, 80(19):4249 – 4252.

Kneipp, K., Kneipp, H., Itzkan, I., Dasari, R. R., and Feld, M. S. (2002). Surface enhanced Raman scattering and biophysics. *J. Phys. Cond. Mat.*, 14:R597 – R624.

Kneipp, K., Wang, Y., Kneipp, H., Perelman, L. T., Itzkan, I., Dasari, R. R., and Feld, M. S. (1997). Single molecule detection using surface-enhanced Raman scattering (SERS). *Phys. Rev. Lett.*, 78(9):1667.

Kokkinakis, Th. and Alexopoulos, K. (1972). Observation of radiative decay of surface plasmons in small silver particles. *Phys. Rev. Lett.*, 28(25):1632 – 1634.

Kreibig, U. and Vollmer, M. (1995). *Optical properties of metal clusters*. Springer, Berlin. Krenn, J. R., Dereux, A., Weeber, J. C., Bourillot, E., Lacroute, Y., Goudonnet, J. P., Schider, G., Gotschy, W., Leitner, A., Aussenegg, F. R., and Girard, C. (1999). Squeezing the optical nearfield zone by plasmon coupling of metallic nanoparticles. *Phys. Rev. Lett.*, 82(12):2590 – 2593.

Krenn, J. R., Lamprecht, B., Ditlbacher, H., Schider, G., Salerno, M., Leitner, A., and Aussenegg, F. R. (2002). Non-diffraction-limited light transport by gold nanowires. *Europhys. Lett.*, 60(5):663 – 669.

Krenn, J. R., Salerno, M., Félidj, N., Lamprecht, B., Schider, G., Leitner, A., Aussenegg, F. R., Weeber, J. C., Dereux, A., and Goudonnet, J. P. (2001). Light field propagation by metal micro-and nanostructures. *J. Microscopy*, 202:122 – 128.

Krenn, J. R., Schider, G., Rechenberger, W., Lamprecht, B., Leitner, A., Aussenegg, F. R., and Weeber, J. C. (2000). Design of multipolar plasmon excitations in silver nanoparticles. *Appl. Phys. Lett.*, 77(21):3379 – 3381.

Kretschmann, E. (1971). Die Bestimmung optischer Konstanten von Metallen durch Anregung von Oberflächenplasmaschwingungen. *Z. Physik*, 241:313 – 324.

Kretschmann, E. and Raether, H. (1968). Radiative decay of non-radiative surface plasmons excited by light. *Z. Naturforschung*, 23A:2135 – 2136.

Kuwata, Hitoshi, Tamaru, Hiroharu, Esumi, Kunio, and Miyano, Kenjiro (2003). Resonant light scattering from metal nanoparticles: Practical analysis beyond Rayleigh approximation. *Appl. Phys. Lett.*, 83(22):4625 – 2627.

Lamprecht, B., Krenn, J. R., Leitner, A., and Aussenegg, F. R. (1999). Resonant and offresonant light-driven plasmons in metal nanoparticles studied by femtosecond-resolution third-harmonic generation. *Phys. Rev. Lett.*, 83(21):4421 – 4424.

Lamprecht, B., Krenn, J. R., Schider, G., Ditlbacher, H., Salerno, M., Félidj, N., Leitner, A., Aussenegg, F. R., and Weeber, J. C. (2001). Surface plasmon propagation in microscale metal stripes. *Appl. Phys. Lett.*, 79(1):51 – 53.

Lamprecht, B., Schider, G., Ditlbacher, R. T. Lechner H., Krenn, J. R., Leitner, A., Aussenegg, F. R., and Weeber, J. C. (2000). Metal nanoparticle gratings: Influence of dipolar particle interaction on the plasmon resonance. *Phys. Rev. Lett.*, 84(20):4721 – 4724.

Larkin, Ivan A., Stockman, Mark I., Achermann, Marc, and Klimov, Victor I. (2004). Dipolar emitters at nanoscale proximity of metal surfaces: Giant enhancement of relaxation in microscopic theory. *Phys. Rev. B*, 69:121403(R).

Laurent, G., Félidj, N., Truong, S. Lau, Aubard, J., Levi, G., Krenn, J. R., Hohenau, A., Leitner, A., and Aussenegg, F. R. (2005a). Imaging surface plasmon of gold nanoparticle arrays by far-field Raman scattering. *Nano Letters*, 5(2):253 – 258.

Laurent, G., Félidj, N., Truong, S. Lau, Aubard, J., Levi, G., Krenn, J. R., Hohenau, A., Leitner, G. Schider A., and Aussenegg, F. R. (2005b). Evidence of multipolar excitations in surface enhanced Raman scattering. *Phys. Rev. B*, 71:045430.

Lawandy, L. M. (2004). Localized surface plasmon singularities in amplifying media. *Appl. Phys. Lett.*, 85(21):5040 – 5042.

Leosson, K., Nikolajsen, T., Boltasseva, A., and Bozhevolnyi, S. I. (2006). Long-range surface plasmon polariton nanowire waveguides for device applications. *Opt. Express*, 14(1):314 – 319.

Lezec, H. J., Degiron, A., Devaux, E., Linke, R. A., Martin-Moreno, L., Garcia-Vidal, F. J, and Ebbesen, T. W. (2002). Beaming light from a subwavelength aperture. *Science*, 297:820 – 822.

Li, Kuiru, Stockman, Martin I., and Bergman, David J. (2003). Self-similar chain of metal nanospheres as an efficient nanolens. *Phys. Rev. Lett.*, 91(22):227402.

Liao, P. F. and Wokaun, A. (1982). Lightning rod effect in surface enhanced Raman scattering. *J. Chem. Phys.*, 76(1):751 - 752.

Lin, Haohao, Mock, Jack, Smith, David, Gao, Ting, and Sailor, Michael J. (2004). Surfaceenhanced Raman scattering from silver-plated porous silicon. *J. Phys. Chem. B*, 108:11654 - 11659.

Link, Stephan and El-Sayed, Mostafa A. (2000). Shape and size dependence of radiative, nonradiative and photothermal properties of gold nanocrystals. *Int. Reviews in Physical Chemistry*, 19(3): 409 - 453.

Lippitz, Markus, van Dijk, Meindert A., and Orrit, Michel (2005). Third-harmonic generation from single gold nanoparticles. *Nano Lett.*, 5(4):799 - 802.

Liu, Hongwen, Ie, Yatuka, Yoshinobu, Tasuo, Aso, Yoshio, Iwasaki, Hiroshi, and Nishitani, Ryusuke (2006). Plasmon-enhanced molecular fluorescence from an organic film in a tunnel junction. *Appl. Phys. Lett.*, 88:061901.

Liu, Zahowei, Steele, Jennifer M., Srituravanich, Werayut, Pikus, Yuri, Sun, Cheng, and Zhang, Xiang (2005). Focusing surface plasmons with a plasmonic lens. *Nano Letters*, 5(9):1726 - 1729.

Loudon, R. (1970). The propagation of electromagnetic energy through an absorbing dielectric. *J. Phys. A*, 3:233 - 245.

Lu, H. Peter (2005). Site-specific Raman spectroscopy and chemical dynamics of nanoscale interstitial systems. *J. Phys.: Condens. Matter*, 17:R333 - R355.

Lu, Yu, Liu, Gang L., Kim, Jaeyoun, Mejia, Yara X., and Lee, Luke P. (2005). Nanophotonic crescent moon structures with sharp edge for ultrasensitive biomolecular detection by local electromagnetic field enhancement effect. *Nano Letters*, 5(1):119 - 124.

Luo, Xiangang and Ishihara, Teruya (2004). Surface plasmon resonant interference nanolithography technique. *Appl. Phys. Lett.*, 84(23):4780 - 4782.

Maier, Stefan A. (2006a). Gain-assisted propagation of electromagnetic energy in subwavelength surface plasmon polariton gap waveguides. *Opt. Commun.*, 258:295 - 299.

Maier, Stefan A. (2006b). Plasmonic field enhancement and SERS in the effective mode volume picture. *Opt. Express*, 14(5):1957 - 1964.

Maier, Stefan A., Barclay, Paul E., Johnson, Thomas J., Friedman, Michelle D., and Painter, Oskar (2004). Low-loss fiber accessible plasmon waveguides for planar energy guiding and sensing. *Appl. Phys. Lett.*, 84(20):3990 - 3992.

Maier, Stefan A., Brongersma, Mark L., Kik, Pieter G., and Atwater, Harry A. (2002a). Observation of near-field coupling in metal nanoparticle chains using far-field polarization spectroscopy. *Phys. Rev. B*, 65:193408.

Maier, Stefan A., Brongersma, Mark L., Kik, Pieter G., Meltzer, Sheffer, Requicha, Ari A. G., and Atwater, Harry A. (2001). Plasmonics -a route to nanoscale optical devices. *Adv. Mat.*, 13 (19):1501.

Maier, Stefan A., Friedman, Michelle D., Barclay, Paul E., and Painter, Oskar (2005). Experimental demonstration of fiber-accessible metal nanoparticle plasmon waveguides for planar energy guiding and sensing. *Appl. Phys. Lett.*, 86:071103.

Maier, Stefan A., Kik, Pieter G., and Atwater, Harry A. (2002b). Observation of coupled plasmon polariton modes in Au nanoparticle chain waveguides of different lengths: Estimation of waveguide loss. *Appl. Phys. Lett.*, 81:1714 - 1716.

Maier, Stefan A., Kik, Pieter G., and Atwater, Harry A. (2003a). Optical pulse propagation in metal nanoparticle chain waveguides. *Phys. Rev. B*, 67:205402.

Maier, Stefan A. , Kik, Pieter G. , Atwater, Harry A. , Meltzer, Sheffer, Harel, Elad, Koel, Bruce E. , and Requicha, Ari A. G. (2003b). Local detection of electromagnetic energy transport below the diffraction limit in metal nanoparticle plasmon waveguides. *Nat. Mat.* , 2(4):229-232.

Marder, Michael P. (2000). *Condensed Matter Physics*. John Wiley & Sons, Inc. , New York, NY.

Markel, V. A. , Shalaev, V. M. , Zhang, P. , Huynh, W. , Tay, L. , Haslett, T. L. , and Moskovits, M. (1999). Near-field optical spectroscopy of individual surface-plasmon modes in colloid clusters. *Phys. Rev. B*, 59(16):10903-10909.

Marquart, Carsten, Bozhevolnyi, Sergey I. , and Leosson, Kristjan (2005). Near-field imaging of surface plasmon-polariton guiding in band gap structures at telecom wavelengths. *Opt. Express*, 13 (9):3303-3309.

Marquier, F. , Greffet, J. -J. , Collin, S. , Pardo, F. , and Pelouard, J. L. (2005). Resonant transmission through a metallic films due to coupled modes. *Opt. Express*, 13(1):70-76.

Marti, O. , Bielefeld, H. , Hecht, B. , Herminghaus, S. , Leiderer, P. , and Mlynek, J. (1993). Nearfield optical measurement of the surface plasmon field. *Opt. Commun.* , 96(4-6):225-228.

Martín-Moreno, L. , Garcia-Vidal, F. J. , Lezec, H. J. , Degiron, A. , and Ebbesen, T. W. (2003). Theory of highly directional emission from a single subwavelength aperture surrounded by surface corrugations. *Phys. Rev. Lett.* , 90(16):167401.

Matsui, Tatsunosuke, Vardeny, Z. Valy, Agrawal, Amit, Nahata, Ajay, and Menon, Reghu (2006). Resonantly-enhanced transmission through a periodic array of subwavelength apertures in heavily-doped conducting polymer films. *Appl. Phys. Lett.* , 88:071101.

Meier, M. and Wokaun, A. (1983). Enhanced fields on large metal particles: dynamic depolarization. *Opt. Lett.* , 8(11):581-583.

Melville, David O. S. and Blaikie, Richard J. (2005). Super-resolution imaging through a planar silver layer. *Opt. Express*, 13(6):2127-2134.

Melville, David O. S. and Blaikie, Richard J. (2006). Super-resolution imaging through a planar silver layer. *J. Opt. Soc. Am. B*, 23(3):461-467.

Mie, Gustav (1908). Beitr. ge zur Optik trüber Medien, speaiell kolloidaler Metallösungen. *Ann. Phys.* , 25:377.

Mikhailovsky, A. A. , Petruska, M. A. , Li, Kuiru, Stockman, M. I. , and Klimov, V. I. (2004). Phase-sensitive spectroscopy of surface plasmons in individual metal nanostructures". *Phys. Rev. B*, 69:085401.

Mikhailovsky, A. A. , Petruska, M. A. , Stockman, M. I. , and Klimov, V. I. (2003). Broadband near-field interference spectroscopy of metal nanoparticles using a femtosecond white-light continuum. *Opt. Lett.* , 28(18):1686-1688.

Milner, R. G. and Richards, D. (2001). The role of tip plasmons in near-field Raman microscopy. *J. Microscopy*, 202:66-71.

Mitsui, Keita, Handa, Yoichiro, and Kajikawa, Kotaro (2004). Optical fiber affinity biosensor based on localized surface plasmon resonance. *Appl. Phys. Lett.* , 85(18):4231-4233.

Mock, J. J. , Barbic, M. , Smith, D. R. , Schultz, D. A. , and Schultz, S. (2002a). Shape effects in plasmon resonance of individual colloidal silver nanoparticles. *J. Chem. Phys.* , 116 (15): 6755-6759.

Mock, J. J. , Oldenburg, S. J. , Smith, D. R. , Schultz, D. A. , and Schultz, S. (2002b). Composite plasmon resonant nanowires. *Nano Letters*, 2(5):465 - 469.

Mock, Jack J. , Smith, David R. , and Schultz, Sheldon (2003). Local refractive index dependence of plasmon resonance spectra from individual nanoparticles. *Nano Letters*, 3(4):485 - 491.

Monzon-Hernandez, David, Villatoro, Joel, Talavera, Dimas, and Luna-Moreno, Donato (2004). Optical-fiber surface-plasmon resonance sensor with multiple resonance peaks. *Appl. Opt.* , 43(6): 1216 - 1220.

Mooradian, A. (1969). Photoluminescence of metals. *Phys. Rev. Lett.* , 22(5):185 - 187.

Moreno, Estaban, Fernández-Domínguez, A. I. , Cirac, J. Ignacia, Garía-Vidal, F. J. , and Martín-Moreno, L. (2005). Resonant transmission of cold atoms through subwavelength apertures. *Phys. Rev. Lett.* , 95:170406.

Moser, H. O. , Casse, B. D. F. , Wilhelmi, O. , and Shaw, B. T. (2005). Terahertz response of a microfabricated rod-split-ring-resonator electromagnetic metamaterial. *Phys. Rev. Lett.* , 94:063901.

Moskovits, Martin (1985). Surface-enhanced spectroscopy. *Reviews of Modern Physics*, 57(3): 783 - 826.

Nenninger, G. G. , Tobiska, P. , Homola, J. , and Yee, S. S. (2001). Long-range surface plasmons for high-resolution surface plasmon resonance sensors. *Sensors and Actuators B*, 74:145 - 151.

Nezhad, Maziar P. , Tetz, Kevin, and Fainman, Yeshaiahu (2004). Gain assisted propagation of surface plasmon polaritons on planar metallic waveguides. *Opt. Express*, 12(17):4072.

Nie, S. M. and Emery, S. R. (1997). Probing single molecules and single nanoparticles by surface-enhanced Raman scattering. *Science*, 275(5303):1102.

Nienhuys, Han-Kwang and Sundstr. m, Villy (2005). Influence of plasmons on terahertz conductivity measurements. *Appl. Phys. Lett.* , 87:012101.

Nikolajsen, Thomas, Leosson, Kristjan, and Bozhevolnyi, Sergey I. (2004a). Surface plasmon polariton based modulators and switches operating at telecom wavelengths. *Appl. Phys. Lett.* , 85 (24):5833 - 5835.

Nikolajsen, Thomas, Leosson, Kristjan, and Bozhevolnyi, Sergey I. (2004b). Surface plasmon polariton based modulators and switches operating at telecom wavelengths. *Appl. Phys. Lett.* , 85 (24):5833 - 5835.

Nomura, Wataru, Ohtsu, Motoichi, and Yatsui, Takashi (2005). Nanodot coupler with a surface plasmon polariton condensor for optical far/near-field conversion. *Appl. Phys. Lett.* , 86:181108.

Nordlander, P. , Oubre, C. , Prodan, E. , Li, K. , and Stockman, M. I. (2004). Plasmon hybridization in nanoparticle dimers. *Nano Lett.* , 4(5):899 - 903.

Novikov, I. V. and Maradudin, A. A. (2002). Channel polaritons. *Phys. Rev. B*, 66: 035403.

Ocelic, N. and Hillenbrand, R. (2004). Subwavelength-scale tailoring of surface phonon polaritons by focused ion-beam implantation. *Nat. Mat.* , 3:606 - 609.

Offerhaus, H. L. , van den Bergen, B. , Escalante, M. , Segerink, F. B. , Korterik, J. P. , and van Hulst, N. F. (2005). Creating focues plasmons by noncollinear phasematching on functional gratings. *Nano Lett.* , 5(11):2144 - 2148.

Olkkonen, Juuso, Kataja, Kari, and Howe, Dennis G. (2005). Light transmission through a high index dielectric-filled sub-wavelength hole in a metal film. *Nature*, 432:376 - 379.

Ordal, M. A. , Long, L. L. , Bell, R. J. , Bell, R. R. , Alexander, R. W. , and Ward, C. A. (1983). Optical properties of the metals Al, Co, Cu, Au, Fe, Pb, Ni, Pd, Pt, Ag, Ti, and W in the infrared and far infrared. *Appl. Opt.* , 22(7):1099 - 1119.

Otto, A. (1968). Excitation of nonradiative surface plasma waves in silver by the method of frustrated total reflection. *Z. Physik*, 216:398 - 410.

Oubre, Chris and Nordlander, Peter (2004). Optical properties of metallodielectric nanostructures calculated using the finite difference time domain method. *J. Phys. Chem. B*, 108:17740 - 17747.

Park, Sung Yong and Stroud, David (2004). Surface-plasmon dispersion relations in chains of metallic nanoparticles: An exact quasistatic solution. *Phys. Rev. B*, 69:125418.

Park, Suntak, Lee, Gwansu, Song, Seok Ho, Oh, Cha Hwan, and Kim, Phill Soo (2003). Resonant coupling of surface plasmons to radiation modes by use of dielectric gratings. *Opt. Lett.*, 28(20): 1870 - 1872.

Passian, A., Lereu, A. L., Wig, A., Meriaudeau, F., Thundat, T., and Ferrell, T. L. (2005). Imaging standing surface plasmons by photon tunneling. *Phys. Rev. B*, 71:165418.

Passian, A., Wig, A., Lereu, A. L., Meriaudeau, F., Thundat, T., and Ferrell, T. L. (2004). Photon tunneling via surface plasmon coupling. *Appl. Phys. Lett.*, 85(16):3420 - 3422.

Pendry, J. B. (2000). Negative refraction makes a perfect lens. *Phys. Rev. Lett.*, 85(18):3966 - 3969.

Pendry, J. B., Holden, A. J., Robbins, D. J., and Stewart, W. J. (1999). Magnetism from conductors and enhanced nonlinear phenomena. *IEEE Trans. Microwave Theory Tech.*, 47(11): 2075 - 2084.

Pendry, J. B., Holden, A. J., Stewart, W. J., and Youngs, I. (1996). Extremely low frequency plasmons in metallic mesostructures. *Phys. Rev. Lett.*, 76(25):4773 - 4776.

Pendry, J. B., Martin-Moreno, L., and Garcia-Vidal, F. J. (2004). Mimicking surface plasmons with structured surfaces. *Science*, 305:847 - 848.

Pettinger, Bruno, Ren, Bin, Picardi, Gennaro, Schuster, Rolf, and Ertl, Gerhard (2004). Nanoscale probing of adsorbed species by tip-enhanced Raman spectroscopy. *Phys. Rev. Lett.*, 92 (9): 096101.

Pettit, R. B., Silcox, J., and Vincent, R. (1975). Measurement of surface-plasmon dispersion in oxidized aluminum films. *Phys. Rev. B*, 11(8):3116 - 3123.

Pile, D. F. P. and Gramotnev, D. K. (2004). Channel plasmon-polariton in a triangular groove on a metal surface. *Opt. Lett.*, 29(10):1069.

Pile, D. F. P., Ogawa, T., Gramotnev, D. K., Matsuzaki, Y., Vernon, K. C., Yamaguchi, K., Okamoto, T., Haraguchi, M., and Fukui, M. (2005). Two-dimensionally localized modes of a nanoscale gap plasmon waveguide. *Appl. Phys. Lett.*, 87:261114.

Porto, J. A., Garcia-Vidal, F. J., and Pendry, J. B. (1999). Transmission resonances on metallic gratings with very narrow slits. *Phys. Rev. Lett.*, 83(14):2845 - 2848.

Porto, J. A., Martín-Moreno, L., and García-Vidal, F. J. (2004). Optical bistability in subwavelength slit apertures containing nonlinear media. *Phys. Rev. B*, 70:081402(R).

Powell, C. J. and Swan, J. B. (1960). Effect of oxidation on the characteristic loss spectra of aluminum and magnesium. *Phys. Rev.*, 118(3):640 - 643.

Prade, B. and Vinet, J. Y. (1994). Guided optical waves in fibers with negative dielectric constant. *J. Lightwave Tech.*, 12(1):6 - 18.

Prade, B., Vinet, J. Y., and Mysyrowicz, A. (1991). Guided optical waves in planar heterostructures with negative dielectric constant. *Phys. Rev. B*, 44(24):13556 - 13572.

Prikulis, Juris, Hanarp, Per, Olofsson, Linda, Sutherland, Duncan, and K. ll, Mikael (2004). Optical spectroscopy of nanometric holes in thin gold films. *Nano Lett.*, 4(6):1003 - 1007.

Prodan, E. and Nordlander, P. (2003). Structural tunability of the plasmon resonances in metallic nanoshells. *Nano Lett.*, 3(4):543 - 547.

Prodan, E., Nordlander, P., and Halas, N. J. (2003a). Electronic structure and optical properties of gold nanoshells. *Nano Lett.*, 3(10):1411 - 1415.

Prodan, E., Radloff, C., Halas, N. J., and Nordlander, P. (2003b). A hybridization model for the plasmon response of complex nanostructures. *Science*, 203:419 - 422.

Qiu, Min (2005). Photonic band structure for surface waves on structured metal surfaces. *Opt. Express*, 13(19):7583 - 7588.

Quail, J. C., Rako, J. G., and Simon, H. J. (1983). Long-range surface-plasmon modes in silver and aluminum films. *Opt. Lett.*, 8(7):377 - 379.

Quinten, M., Leitner, A., Krenn, J. R., and Aussenegg, F. R. (1998). Electromagnetic energy transport via linear chains of silver nanoparticles. *Opt. Lett.*, 23(17):1331 - 1333.

Quinten, Michael and Kreibig, Uwe (1993). Absorption and elastic scattering of light by particle aggregates. *Appl. Opt.*, 32(30):6173 - 6182.

Raether, Heinz (1988). *Surface Plasmons*, volume 111 of *Springer-Verlag Tracts in Modern Physics*. Springer-Verlag, New York.

Raschke, G., Brogl, S., Susha, A. S., Rogach, A. L., Klar, T. A., Feldmann, J., Fieres, B., Petkov, N., Bein, T., Nichtl, A., and Kurzinger, K. (2004). Gold nanoshells improve single nanoparticle molecular sensors. *Nano Letters*, 4(10):1853 - 1857.

Raschke, G., Kowarik, S., Franzl, T., Soennichsen, C., Klar, T. A., and Feldmann, J. (2003). Biomolecular recognition based on single gold nanoparticle light scattering. *Nano Letters*, 3(7): 935 - 938.

Ren, Bin, Lin, Xu-Feng, Yang, Zhi-Lin, Liu, Guo-Kun, Aroca, Rocardo F., Mao, Bing-Wei, and Tian, Zhong-Qun (2003). Surface-enhanced Raman scattering in the ultraviolet spectral region: UV-SERS on Rhodium and Ruthenium electrodes. *J. Am. Chem. Soc.*, 125:9598 - 9599.

Renger, Jan, Grafstr. m, Stefan, Eng, Lukas M., and Hillenbrand, Rainer (2005). Resonant light scattering by near-field-induced phonon polaritons. *Phys. Rev. B*, 71:075410.

Rigneault, Hervé, Capoulade, Jérémie, Dintinger, José, Wenger, Jér. me, Bonod, Nicolas, Popov, Evgeni, Ebbesen, Thomas W., and Lenne, Pierre-Fran. ois (2005). Enhancement of singlemolecule fluorescence detection in subwavelength apertures. *Phys. Rev. Lett.*, 95:117401.

Rindzevicius, Tomas, Alaverdyan, Yury, Dahlin, Andreas, Hook, Fredrik, Sutherland, Duncan S., and K. ll, Mikael (2005). Plasmonic sensing characteristics of single nanometric holes. *Nano Lett.*, 5(11):2335 - 2339.

Ritchie, R. H. (1957). Plasma losses by fast electrons in thin films. *Phys. Rev.*, 106(5):874 - 881.
Ritchie, R. H., Arakawa, E. T., Cowan, J. J., and Hamm, R. N. (1968). Surface-plasmon resonance effect in grating diffraction. *Phys. Rev. Lett.*, 21(22):1530 - 1533.

Roberts, A. (1987). Electromagnetic theory of diffraction by a circular aperture in a thick, perfectly conducting screen. *J. Opt. Soc. Am. A*, 4(10):1970 - 1983.

Rudnick, Joseph and Stern, E. A. (1971). Second-harmonic generation from metal surfaces. *Phys. Rev. B*, 4(12):4274 - 4290.

Ruppin, R. (2002). Electromagnetic energy density in a dispersive and absorptive material. *Phys. Lett. A*, 299:309 312.

Ruppin, R. (2005). Effect of non-locality on nanofocusing of surface plasmon field intensity in a conical tip. *Physics Letters A*, 340:299 - 302.

Saleh, Bahaa E. A. and Teich, Malvin Carl (1991). *Fundamentals of Photonics*. John Wiley & Sons, Inc. , New York, NY.

Sarid, Dror (1981). Long-range surface-plasma waves on very thin metal films. *Phys. Rev. Lett.* , 47 (26):1927 – 1930.

Sarychev, Andrey K. , Shvets, Gennady, and Shalaev, Vladimir M. (2006). Magnetic plasmon resonance. *Phys. Rev. E*, 73:036609.

Sauer, G. , Brehm, G. , Schneider, S. , Graener, H. , Seifert, G. , Nielsch, K. , Choi, J. , G. ring, P. , G. sele, U. , Miclea, P. , and Wehrspohn, R. B. (2005). In situ surface-enhanced Raman spectroscopy of monodisperse silver nanowire arrays. *J. Appl. Phys.* , 97:024308.

Sauer, G. , Brehm, G. , Schneider, S. , Graener, H. , Seifert, G. , Nielsch, K. , Choi, J. , G. ring, P. , G. sele, U. , Miclea, P. , and Wehrspohn, R. B. (2006). Surface-enhanced Raman spectroscopy employing monodisperse nickel nanowire arrays. *Appl. Phys. Lett.* , 88:023106.

Saxler, J. , Rivas, J. Gomez, Janke, C. , Pellemans, H. P. M. , Bolivar, P. Haring, and Kurz, H. (2004). Time-domain measurements of surface plasmon polaritons in the terahertz frequency range. *Phys. Rev. B*, 69:155427.

Schouten, H. F. , Kuzmin, N. , Dubois, G. , Visser, T. D. , Gbur, G. , Alkemade, P. F. A. , Blok, H. , 't Hooft, G. W. , Lenstra, D. , and Eliel, E. R. (2005). Plasmon-assisted two-slit transmission: Young's experiment revisited. *Phys. Rev. Lett.* , 94:053901.

Shalaev, Vladimir M. (2000). *Nonlinear optics of random media*. Springer, Heidelberg, Germany, first edition.

Shalaev, Vladimir M. , Cai, Wenshan, Chettiar, Uday K. , Yuan, Hsiao-Kuan, Sarychev, Andrey K. , Drachev, Vladimir P. , and Kildishev, Alexander V. (2005). Negative index of refraction in optical metamaterials. *Opt. Lett.* , 30(24):3356 – 3358.

Shalaev, Vladimir M. , Poliokov, E. Y. , and Markel, V. A. (1996). Small-particle composites. II. Nonlinear optical properties. *Phys. Rev. B*, 53(5):2437 – 2449.

Shelby, R. , Smith, D. R. , and Schultz, S. (2001). Experimental verification of a negative index of refraction. *Science*, 292:77 – 79.

Shi, Xiaolei, Hesselink, Lambertus, and Thornton, Robert L. (2003). Ultrahigh light transmission through a C-shaped nanoaperture. *Opt. Lett.* , 28(15):1320 – 1322.

Shin, Hocheol, Catrysse, Peter B. , and Fan, Shanhui (2005). Effect of the plasmonic dispersion relation on the transmission properties of subwavelength cylindrical holes. *Phys. Rev. B*, 72:085436.

Shou, Xiang, Agrawal, Amit, and Nahata, Ajay (2005). Role of metal film thickness on the enhanced transmission properties of a periodic array of subwavelength apertures. *Opt. Express*, 13(24): 9834 – 9840.

Shubin, V. A. , Kim, W. , Safonov, V. P. , Sarchev, A. K. , Armstrong, R. L. , and Shalaev, Vladimir M. (1999). Surface-Plasmon-Enhanced Radiation Effects in Confined Photonic Systems. *J. Lightwave Tech.* , 17(11):2183 – 2190.

Simon, H. J. , Mitchell, D. E. , and Watson, J. G. (1974). Optical second-harmonic generation with surface plasmons in silver films. *Phys. Rev. Lett.* , 33(26):1531 – 1534.

Sipe, J. E. , So, V. C. Y. , Fukui, M. , and Stegeman, G. I. (1980). Analysis of second-harmonic generation at metal surfaces. *Phys. Rev. B*, 21(10):4389 – 4402.

Slavik, Radan, Homola, Jiri, and Ctyroky, Jiri (1999). Single-mode optical fiber surface plasmon resonance sensor. *Sensors and Actuators B*, 74:74 – 79.

Smith, D. R. , Pendry, J. B. , and Wiltshire, M. C. K. (2004). Metamaterials and negative refractive index. *Science*, 305:788 - 792.

Smolyaninov, Igor I. , Hung, Yu-Ju, and Davis, Christopher C. (2005). Surface plasmon dielectric waveguides. *Appl. Phys. Lett.* , 87:241106.

Sommerfeld, A. (1899). Über die Fortpflanzung electrodynamischer Wellen längs eines Drahtes. *Ann. Phys. und Chemie*, 67:233 - 290.

Sönnichsen, C. , Franzl, T. , Wilk, T. , von Plessen, G. , and Feldmann, J. (2002a). Plasmon resonances in large noble-metal clusters. *New Journal of Physics*, 4:93. 1 - 93. 8.

Sönnichsen, C. , Franzl, T. , Wilk, T. , von Plessen, G. , Feldmann, J. , Wilson, O. , and Mulvaney, P. (2002b). Drastic reduction of plasmon damping in gold nanorods. *Phys. Rev. Lett.* , 88(7):077402.

Sönnichsen, C. , Geier, S. , Hecker, N. E. , von Plessen, G. , Feldmann, J. , Ditlbacher, H. , Lamprecht, B. , Krenn, J. R. , Aussenegg, F. R. , Chan, V. Z. , Spatz, J. P. , and Moller, M. (2000). Spectroscopy of single metal nanoparticles using total internal reflection microscopy. *Appl. Phys. Lett.* , 77:2949 - 2951.

Sönnichsen, Carsten and Alivisatos, A. Paul (2005). Gold nanorods as novel nonbleaching plasmon-based orientation sensors for polarized single-particle spectroscopy. *Nano Letters*, 5(2):301 - 304.

Spillane, S. M. , Kippenberg, T. J. , and Vahala, K. J. (2002). Ultralow-threshold Raman laser using spherical dielectric microcavity. *Nature*, 415:621 - 623.

Srituravanich, Werayut, Fang, Nicholas, Sun, Cheng, Luo, Qi, and Zhang, Xiang (2004). Plasmonic nanolithography. *Nano Lett.* , 4(6):1085 - 1088.

Stegeman, G. I. , Wallis, R. F. , and Maradudin, A. A. (1983). Excitation of surface polaritons by end-fire coupling. *Opt. Lett.* , 8(7):386 - 388.

Stern, E. A. and Ferrell, R. A. (1960). Surface plasma oscillations of a degenerate electron gas. *Phys. Rev.* , 120(1):130 - 136.

Stockman, Martin I. (2004). Nanofocusing of optical energy in tapered plasmonic waveguides. *Phys. Rev. Lett.* , 93(13):137404.

Su, K. 0H. , Wei, Q. -H. , Zhang, X. , Mock, J. J. , Smith, D. R. , and Schultz, S. (2003). Interparticle coupling effects on plasmon resonances of nanogold particles. *Nano Letters*, 3(8):1087 - 1090.

Sundaramurthy, Arvind, Crozier, K. B. , Kino, G. S. , Fromm, D. P. , Schuck, P. J. , and Moerner, W. E. (2005). Field enhancement and gap-dependent resonance in a system of two opposing tip-to-tip Au nanotriangles. *Phys. Rev. B*, 72:165409.

Takahara, J. , Yamagishi, S. , Taki, H. , Morimoto, A. , and Kobayashi, T (1997). Guiding of a one-dimensional optical beam with nanometer diameter. 22(7):475 - 477.

Talley, Chad E. , Jackson, Joseph B. , Oubre, Chris, Grady, Nathaniel K. , Hollars, Christopher W. , Lane, Stephen M. , Huser, Thomas R. , Nordlander, Peter, and Halas, Naomi J. (2005). Surfaceenhanced Raman scattering from individual Au nanoparticles and nanoparticle dimer substrates. *Nano Letters*, 5(8):1569 - 1574.

Tam, Felicia, Moran, Cristin, and Hallas, Naomi (2004). Geometrical parameters controlling sensitivity of nanoshell plasmon resonances to changes in dielectric environment. *J. Phys. Chem. B*, 108:17290 - 17294.

Tan, W. -C. , Preist, T. W. , and Sambles, R. J. (2000). Resonant tunneling of light through thin metal films via strongly localized surface plasmons. *Phys. Rev. B*, 62(16):11134 - 11138.

Tanaka, Kazuo and Tanaka, Masahiro (2003). Simulations of nanometric optical circuits based on surface plasmon polariton gap waveguide. *Appl. Phys. Lett.*, 82(8):1158 – 1160.

Teperik, T. V. and Popov, V. V. (2004). Radiative decay of plasmons in a metallic nanoshell. *Phys. Rev. B*, 69:155402.

Thio, Tineke, Pellerin, K. M., Linke, R. A., Lezec, H. J., and Ebbesen, T. W. (2001). Enhanced light transmission through a single subwavelength aperture. *Opt. Lett.*, 26(24):1972 – 1974.

Tian, Zhong-Qun and Ren, Bin (2004). Adsorption and reaction of electrochemical interfaces as probed by surface-enhanced Raman spectroscopy. *Annu. Rev. Phys. Chem.*, 55:197 – 229.

Tsai, Woo-Hu, Tsao, Yu-Chia, Lin, Hong-Yu, and Sheu, Bor-Chiou (2005). Cross-point analysis for a multimode fiber sensor based on surface plasmon resonance. *Opt. Lett.*, 30(17):2209 – 2211.

van der Molen, K. L., Segerink, F. B., van Hulst, N. F., and Kuipers, L. (2004). Influence of hole size on the extraordinary transmission through subwavelength hole arrays. *Appl. Phys. Lett.*, 85 (19):4316 – 4318.

van Exter, Martin and Grischkowsky, Daniel R. (1990). Characterization of an optoelectronic terahertz beam system. *IEEE Transactions on Microwave Theory and Techniques*, 38(11):1684 – 1691.

Veronis, Georgios and Fan, Shanhui (2005). Guided subwavelength plasmonic mode supported by a slot in a thin metal film. *Opt. Lett.*, 30(24):3359 – 3361.

Vial, Alexandre, Grimault, Anne-Sophie, Macías, Demetrio, Barchiesi, Dominique, and de la Chapelle, Marc Lamy (2005). Improved analytical fit of gold dispersion: Application to the modeling of extinction spectra with a finite-difference time-domain method. *Phys. Rev. B*, 71:085416.

Vincent, R. and Silcox, J. (1973). Dispersion of radiative surface plasmons in aluminum films by electron scattering. *Phys. Rev. Lett.*, 31(25):1487 – 1490.

Vuckovic, J., Loncar, M., and Scherer, A. (2000). Surface plasmon enhanced light-emitting diode. *IEEE J. Quan. Elec.*, 36(10):1131 – 1144.

Wachter, M., Nagel, M., and Kurz, H. (2005). Frequency-dependent characterization of THz Sommerfeld wave propagation on single-wires. *Opt. Express*, 13(26):10815 – 10822.

Wait, James R. (1998). The ancient and modern history of EM ground-wave propagation. *IEEE Antennas and Propagation Magazine*, 40(5):7 – 24.

Wang, Kanglin and Mittleman, Daniel M. (2005). Metal wires for terahertz wave guiding. *Nature*, 432:376 – 379.

Wang, Qian-jin, Li, Jia-qi, Huang, Cheng-ping, Zhang, Chao, and Zhu, Yong-Yuan (2005). Enhanced optical transmission through metal films with rotation-symmetrical hole arrays. *Appl. Phys. Lett.*, 87:091105.

Watanabe, Hiroyuki, Ishida, Yasuhito, Hayazawa, Norihiko, Inouye, Yasishi, and Kawata, Satoshi (2004). Tip-enhanced near-field Raman analysis of tip-pressurized adenine molecule. *Phys. Rev. B*, 69:155418.

Watts, Richard A. and Sambles, J. Roy (1997). Polarization conversion from blazed diffraction gratings. *J. Mod. Opt.*, 44(6):1231 – 1242.

Webb, K. J. and Li, J. (2006). Analysis of transmission through small apertures in conducting films. *Phys. Rev. B*, 73:033401.

Weber, W. H. and Ford, G. W. (2004). Propagation of optical excitations by dipolar interactions in metal nanoparticle chains. *Phys. Rev. B*, 70:125429.

Wedge, S., Hooper, I. R., Sage, I., and Barnes, W. L. (2004). Light emission through a corrugated metal film: The role of cross-coupled surface plasmon polaritons. *Phys. Rev. B*, 69:245418.

Weeber, J. -C. , Krenn, J. R. , Dereux, A. , Lamprecht, B. , Lacroute, Y. , and Goudonnet, J. P. (2001). Near-field observation of surface plasmon polariton propagation on thin metal stripes. *Phys. Rev. B*, 64:045411.

Weeber, Jean-Claude, Lacroute, Yvon, and Dereux, Alain (2003). Optical near-field distributions of surface plasmon waveguide modes. *Phys. Rev. B*, 68:115401.

Weeber, Jean-Claude, Lacroute, Yvon, Dereux, Alain, Devaux, Eloise, Ebbesen, Thomas, Girard, Christian, Gonzalez, Maria Ujue, and Baudrion, Anne-Laure (2004). Near-field characterization of Bragg mirrors engraved in surface plasmon waveguides. *Phys. Rev. B*, 70:235406.

Weitz, D. A. , Garoff, S. , Gersten, J. I. , and Nitzan, A. (1983). The enhancement of Raman scattering, resonance Raman scattering, and fluorescence from molecules adsorbed on a rough silver surface. *J. Chem. Phys.* , 78(9):5324 – 5338.

Westcott, S. L. , Jackson, J. B. , Radloff, C. , and Halas, N. J. (2002). Relative contributions to the plasmon line shape of metallic nanoparticles. *Phys. Rev. B*, 66:155431.

Wilcoxon, J. P. and Martin, J. E. (1998). Photoluminescence from nanosize gold clusters. *J. Chem. Phys.* , 108(21):9137 – 9143.

Winter, G. and Barnes, W. L. (2006). Emission of light through thin silver films via near-field coupling to surface plasmon polaritons. *Appl. Phys. Lett.* , 88:051109.

Wokaun, A. , Gordon, J. P. , and Liao, P. F. (1982). Radiation damping in surface-enhanced Raman scattering. *Phys. Rev. Lett.* , 48(14):957 – 960.

Wood, R. W. (1902). On a remarkable case of uneven distribution of light in a diffraction grating spectrum. *Proc. Phys. Soc. London*, 18:269 – 275.

Wurtz, Gregory A. , Im, Jin Seo, Gray, Stephen K. , and Wiederrecht, Gary P. (2003). Optical scattering from isolated metal nanoparticles and arrays. *J. Phys. Chem. B*, 107(51):14191 – 14198.

Xu, Hongxing (2004). Theoretical study of coated spherical metallic nanoparticles for singlemolecule surface-enhanced spectroscopy. *Appl. Phys. Lett.* , 85(24):5980 – 5982.

Xu, Hongxing, Aizpurua, Javier, Kaell, Mikael, and Apell, Peter (2000). Electromagnetic contributions to single-molecule sensitivity in surface-enhanced Raman scattering. *Phys. Rev. E*, 62(3):4318 – 4324.

Xu, Hongxing, Wang, Xue-Hua, and K. ll, Mikael (2002). Surface-plasmon-enhanced optical forces in silver nanoaggregates. *Phys. Rev. Lett.* , 89(24):246802.

Xu, Hongxing, Wang, Xue-Hua, Persson, Martin P. , Xu, H. W. , and K. ll, Mikael (2004). Unified treatment of fluorescence and Raman scattering processes near metal surfaces. *Phys. Rev. Lett.* , 93:243002.

Yamamoto, N. , Araya, K. , and de Abajo, F. J. García (2001). Photon emission from silver particles induced by a high-energy electron beam. *Phys. Rev. B*, 64:205419.

Yariv, Amnon (1997). *Optical Electronics in Modern Communications*. Oxford Univeristy Press, Oxford, UK, fifth edition edition.

Yen, T. J. , Padilla, W. J. , Fang, N. , Vier, D. C. , Smith, D. R. , Pendry, J. B. , Basov, D. N. , and Zhang, X. (2004). Terahertz magnetic response from artificial materials. *Science*, 303:1494 – 1496.

Yin, L. , Vlasko-Vlasov, V. K. , Rydh, A. , Pearson, J. , Welp, U. , Chang, S. -H. , Gray, S. K. , Schatz, G. C. , Brown, D. B. , and Kimall, C. W. (2004). Surface plasmons at single nanoholes in Au films. *Appl. Phys. Lett.* , 85(3):467 – 469.

Yin, Leilei, Vlasko-Vlasov, Vitali K. , Pearson, John, Hiller, Jon M. , Hua, Jiong, Welp, Ulrich,

Brown, Dennis E. , and Kimball, Clyde W. (2005). Subwavelength focusing and guiding of surface plasmons. *Nano Letters*, 5(7):1399 – 1402.

Zayats, A. V. and Smolyaninov, I. I. (2006). High-optical throughput individual nanoscale aperture in a multilayered metallic film. *Opt. Lett.*, 31(3):398 – 400.

Zenneck, J. (1907). über die Fortpflanzung ebener elektromagnetischer Wellen l. ngs einer ebenen Leiterfl. che und ihre Beziehung zur drahtlosen Telegraphie. *Ann. d. Phys.*, 23:846 – 866.

Zhang, Y. , Gu, C. , Schwartzberg, A. M. , and Zhang, J. Z. (2005). Surface-enhanced Raman scattering sensor based on D-shaped fiber. *Appl. Phys. Lett.*, 87:123105.

Zhou, J. , Koschny, Th. , Kafesaki, M. , Economou, E. N. , Pendry, J. B. , and Soukoulis, C. M. (2005). Saturation of the magnetic response of split-ring resonators at optical frequencies. *Phys. Rev. Lett.*, 95:223902.

Zia, Rashid, Chandran, Anu, and Brongersma, Mark L. (2005a). Dielectric waveguide model for guided surface polaritons. *Opt. Lett.*, 30(12):1473 – 1475.

Zia, Rashid, Selker, Mark D. , and Brongersma, Mark L. (2005b). Leaky and bound modes of surface plasmon waveguides. *Phys. Rev. B*, 71:165431.

Zia, Rashid, Selker, Mark D. , Catrysse, Peter B. , and Brongersma, Mark L. (2005c). Geometries and materials for subwavelength surface plasmon modes. *J. Opt. Soc. Am. A*, 21(12):2442.